美国中学生 美国家庭
课外读物 必备参考书
★ ★ ★ ★ ★ ★ ★ ★ ★ ★ ★ ★

1000个数学知识

无处不在的数学

THE HANDY MATH ANSWER BOOK

物理科学中的数学、自然科学中的数学、
工程学中的数学、计算中的数学、
人文科学中的数学、日常数学、
趣味数学，我们的生活离不开数学

[美] 帕特丽夏·巴恩斯

托马斯·E.斯瓦尼 /著

谭艾菲 /译

上海科学技术文献出版社
Shanghai Scientific and Technological Literature Press

图书在版编目（CIP）数据

　　无处不在的数学：1000个数学知识／（美）巴恩斯著；谭艾菲译．—上海：上海科学技术文献出版社，2015.6
　　（美国科学问答丛书）
　　ISBN 978-7-5439-6645-1

　　Ⅰ.① 无…　Ⅱ.①巴…②谭…　Ⅲ.①数学 —普及读物　Ⅳ.① O1-49

中国版本图书馆 CIP 数据核字（2015）第 088635 号

The Handy Math Answer Book, 1st Edition
by Patricia Barnes-Svarney and Thomas E. Svarney
Copyright © 2008 by Visible Ink Press®
Simplified Chinese translation copyright © 2015 by Shanghai Scientific & Technological Literature Press
Published by arrangement with Visible Ink Press
through Bardon-Chinese Media Agency

图字：09-2015-371

选题策划：张　树
责任编辑：王　珺　黄婉清
封面设计：周　婧

丛书名：美国科学问答
书　名：无处不在的数学
[美]帕特丽夏·巴恩斯　托马斯·E.斯瓦尼　著　谭艾菲　译
出版发行：上海科学技术文献出版社
地　　址：上海市长乐路 746 号
邮政编码：200040
经　　销：全国新华书店
印　　刷：常熟市人民印刷有限公司
开　　本：720×1000　1/16
印　　张：13.25
字　　数：227 000
版　　次：2019 年 2 月第 3 次印刷
书　　号：ISBN 978-7-5439-6645-1
定　　价：32.00 元
http://www.sstlp.com

‖ 前 言

"当数学用于现实时，是不确定的；当它们确定时，又不适用于现实。"

——阿尔伯特·爱因斯坦

我们都曾见过它，也都曾感受到它，但很多时候并没有意识到它的存在。它隐身于奥地利大教堂漂亮的彩色玻璃窗的图案中，存在于汽车、电脑或宇宙飞船的大大小小的运转当中，藏在孩子天真的问话——"你几岁了？"当中……

现在你可能已经猜到"它"是什么了：数学。

数学无处不在。有时它细微如蝴蝶翅膀的对称，有时又像纽约国内收入署显示的债务数字那样醒目。

数字已悄悄进入了我们的生活。它们被用来说明眼镜的验光单，显示血压、心率和胆固醇的水平。人们使用数字，这样你就可以按照公共汽车、火车或飞机时刻表出行。数字还可以帮助你弄清楚你最喜欢的商店、餐馆或图书馆什么时候开门。在家里，数字被用在菜谱中，用来读电表箱的电路图上的电压，以及为了铺地毯而测量房间尺寸。可能我们与数字最熟悉的联系是我们每天使用的钱。例如，数字可以让你知道早晨的那杯热牛奶咖啡上的交易是否公平合理。

本书是使你进入数学世界的一本入门书，介绍了从数学的漫长历史和未来启示我们如何在日常生活中使用数字的各种内容。这本书中有各种各样的有关数学的问题及答案，还配有丰富的图片和图例，以及成百上千个方程式，来帮助解释数学基本定律或为其提供例子，仅仅通过这一本书，你就可以获得广泛的基础知识！

数学的研究课题（及其许多联系）是浩瀚无际的。两千多年前，希腊数学家欧几里得写了13本关于几何和数学的其他领域的书（著名的《几何原本》）。他用了其中的6本来说明基本的平面几何。现在，人们对数学的了解甚至更多，在本书的最后一章你会看到一长串的出处。在这里我们为您提供了从备受推崇的文字出处到我们最喜爱的一些网址，如"数学先生"和"SOS数学"等所有的东西。通过这种方式，本书不仅向您介绍了数学的基本知识，而且为您继续进行您的数学探索之旅提供了资料来源。

　　需要提醒的是：这是一个包罗万象的探索旅程。但是，很快你就会了解到这个旅程处处都令人满意并富有回报。您将不仅理解数学是关于什么的，而且将欣赏到我们日常生活中的数学之美。正如它曾使我们大吃一惊一样，我们肯定，您也会为数字、方程式和各种其他的数学构想如何继续解释并且继续影响我们周围的世界而感到惊奇。

［美］帕特丽夏·巴恩斯

托马斯·E.斯瓦尼

目录
CONTENTS

目录

Contents

一 物理科学中的数学

物理与数学

▶ 哪些科学领域大量使用数学？

大量使用数学的领域是物理科学，包括物理学、化学、地质学和天文学。这些科学领域被经常与自然科学或生物科学作对比。物理科学分析了能源与非生物的属性与特征，这通常需要借助数学来判断它们相互作用时复杂的关系。

▶ 什么是物理学？

物理学通常是用来描述物质与能量之间相互作用的科学，它的分支领域包括原子结构、热、电、磁、光和其他许多学科。从传统意义上说，物理学被分为古典和现代两方面——虽然两方面的许多分支是相互重叠的。古典物理学包括牛顿力学、热力学、声学、光学、电学和磁学。现代物理学包括量子理论及相对力学等。

物理学的其他划分方式是实验物理学和理论物理学。理论物理学家用数学去描述这个客观世界然后预测它会如何运转，他们依靠实验结果来核查、理解、改变或是消除理论。实验物理学家用实际的实验去测试他们的预测，而在实验中经常使用数学。

有哪些物理学领域在很大程度上依赖数学？

物理学的几乎每个领域——特别是现代物理学在很大程度上都是依赖数学的。例如，人们需要用数学来理解加速度、速度和引力的概念。统计力学也使用大量的数学。如果没有很好的数学知识，就不可能理解量子力学。事实上，量子领域理论是数学应用最活跃的科目之一，同时也是自然科学中最抽象的领域之一。

▶ 什么是数理物理学？

数理物理学使用了统计力学的概念和量子领域理论。但是，它和理论物理学不一样，数理物理学是在一个更加抽象和周密的基础上去研究物理。理论物理学涉及的数学不如数理物理学多，但却和实验物理学有更多的关系。然而，同科学的许多领域一样，给数理物理学下定义不是件容易的事。例如，对现代物理学下的另外一种定义是它包括除了古典数理物理学外的各个数学领域。

古典物理学与数学

▶ 数学是怎样应用在物理学中描述运动的？

宇宙万物都在运动当中，从转动的地球到亚原子粒子。物理学中的运动主要是通过数学来描述的，包括速度、加速度、动量、力（改变物体静止或运动的状态）、扭转力（一种导致运动或使其绕着支点旋转的力量）、惯性（一种物体会一直保持静止或运动的状态，直至外部力量的介入）。

与大部分人想法相左的是，"speed"和"velocity"是不同的。"speed"是某物运动的速度，"velocity"是一定方向上的速度。"speed"也被称作纯量数量，是通过下面的公式来描述的：速度（speed）=距离/时间，例如，如果你2小时内行进了200千米。而且你的速度是连续的，你的平均速度是100千米/小时。另一方面，"velocity"被认为是矢量数量。那赋予了"velocity"速度和方向——并直接引发了加速度。

当一个物体的速度变化时，我们说它加速了。加速度（一个像速度一样的矢量）是以速度的变化除以变化所需的时间来代表的。加速度公式或是单位时间内速度的变化是$a = \Delta v / \Delta t$，在这个等式中，a是加速度，Δv是物体速度的变化（Δ代表了变化），Δt是达到一定速度所需要的时间。例如，如果加速度是持续的，一个人从静止的点到5秒时的速度达到216千米/小时（或是最终速度减去最开始的速度除以实际消耗的时间），即60米/秒，这意味着加速度等于12米/秒平方。

动量和移动一个物体所需要的能量有关，动量的定义为阻止一个物体移动所需的必要能量，它取决于一个物体的质量和速度，是这样表示的：$M = mv$。在这个公式中，M代表动量，m是这个物体的质量，v是这个物体的速度。

▶ 重量和质量之间的数学区别是什么？

重量和质量之间存在着一个明显的区别，在$W = mg$这个公式中，这个区别非常明显地显示了出来，这个公式中的W是重量（或是这个物体的引力），m是质量（或是一个物体的物质数量），g是引力。例如，如果你想减重，你可以搬离地球到月球上去住（在这种情况下，引力会减少）。但是记住，无论你到宇宙中的任何一个地方，你的质量都是相同的，除非你去节食减肥。

▶ 牛顿三定律能用数学表达出来吗？

是的，牛顿的三定律都是建立在数学公式的基础上的，但是等式对于这个教材来说太过于复杂。它们是这样被定义的（一些使用了适合的数学符号）：牛顿第一定律（惯性定律）认为如果没有任何外力施加于一个物体之上，它将会维持一个持续的速度。换句话说，一个物体会永远静止或保持直线运动的状态直到某种东西推动着它，改变其速度或方向。这种改变一切事物静止或

无论你站在月球或地球上，你的质量总是一样的，但你在月球上会轻很多，因为在你身上的引力小。泰科西/盖蒂图片社（Taxi/Getty Images）

是的，数学等式可以用来描述工作量和能量。能量有许多种形式，但是它最基本的定义是与工作量有关的，当一个力使一个物体移动了一定距离，我们说一定的工作量完成了。这可以用一个简单的等式来表达：$W=Fd$。在这个等式中，W是工作量，F是力，d是距离。在这条定义中，只有作用于物体运动方向上的力才算数。

直线运动状态的力量就是地球引力。这种现象当你向空中抛一个棒球时是显而易见的：这个球不会向一个连续直的方向移动，因为地球引力拉着它朝向地表运动。

牛顿第二定律（连续加速度定律）认为如果一个力施加于一个物体之上，这个物体会在该力的方向上加速前进，这个力制造了一个与该力成正比的加速度（与质量是成反比的），可通过下面的表达式来表达的：$F=ma$。在这个公式中，F是力，m是质量，a是加速度。实际上，牛顿是通过微积分来表达这个公式的——用微积分这种数学形式来解释这些物理定律，它的等式如下：$F=m\dfrac{\Delta v}{\Delta t}$。在这个等式中，$m$是质量，$\Delta v$是速度变化，$\Delta t$是速度改变的时间，这是因为即时的加速度相当于在一定速度，在一定条件、一定时间的即时改变。

牛顿第三定律（又叫做用力与反作用力定律）认为作用于一个物体上的力是相互的，换句话说，如果一个力施加于一个物体之上，这个物体会对施力物体施加一个相等的反作用力。这些力的数学等式过于复杂并超出了本教材的范围。

什么是牛顿万有引力定律？

很难理解的是，宇宙万物都是相互吸引的，物理定律不仅是最著名的，也是

▶ 是谁发展了解释电与磁的数学等式？

关于电与磁的重要早期著作是由苏格兰物理学家詹姆斯·克拉克·麦克斯韦（James Clerk Maxwell）撰写的，他于1873年出版了《论电和磁》。书中提出了以数学为基础的电磁领域的理论。这些等式即现在被人们所熟知为麦克斯韦方程组，包含了四个不同的等式，它们为电和磁的统一、光电磁的描述甚至是爱因斯坦的相对论奠定了基础。尽管大部分人认可牛顿关于力的著作，但是每当提及古典物理学时，却很少有人能记住麦克斯韦的电磁理论（包括电磁波的观点）。麦克斯韦的理论最终带来了今天人们习以为常的许多东西，包括收音机波和微波。

最重要的定律之一，牛顿定律认为两个物体质量 m 和 M 之间的引力，与两个物体质量成正比，与两个物体之间的距离 r 成反比。公式是这样的：$F = G\dfrac{Mm}{r^2}$（在某些教材中，两个物体的质量分别以 m_1、m_2 来代表）。引力在性质上是恒定的，显示了存在的引力有多强。换句话说，物体之间离得越远，物体之间的吸引力越小。

▶ 什么是统计力学？

统计力学将统计学应用于力学领域——一个粒子或物体受力的时候会引起的运动。它被用来理解一个单原子或液体分子、固体分子和水分子的属性甚至是组成电磁辐射的单束光到日常物质的属性。因为统计力学从数学角度帮助人们理解大量微量元素之间的相互作用，所以被应用在更广泛的领域。如此看来，它与热力学是相反的，热力学是从一个宏观的、大范围的角度去处理同类型的系统。

▶ 什么是欧姆定律？

欧姆定律（Ohm's Law）对电的研究是非常重要的。它认为导体中的电流跟导体两端的电压成正比。这个定律首先由德国物理学家格奥尔格·西蒙·欧姆（Georg Simon Ohm）总结，公式如下：$V = IR$（或者 $I = V/R$）。在这个公式中，V是电压，I是电流（在某些教材中也写做i），R是导体的电阻。也可以以电量的方式来书写（电压＝电流×电阻），还可以用单位计量方法（电压＝安培×欧姆）。

现代物理学与数学

▶ 什么是现代物理学？

和古典物理学相比——尽管有很多重合的话题——现代物理学包括相对力学、原子、核、粒子物理学和量子物理学。

▶ 爱因斯坦是怎样应用数学的？

理论物理学家阿尔伯特·爱因斯坦（Albert Einstein）被认为是历史上最伟大的物理学家，他同时也是一位非常伟大的数学家。1905年，他发展了特殊相对理论，从数学角度阐释了两个高速运行的观察者会经历不同的时间间隔和不同的长度计算方法，而光的速度是所有有质量的物质物体速度的极限，而质量和能量是对等的。

1915年左右，爱因斯坦完成广义相对论，他添加了引力作用去判断空间连续性的曲度。他进一步尝试发现了统一场理论，这个理论将重力、电磁和亚原子现象统一到一套规则之下。如果没有他，还没有人能发现这一理论。

▶ 什么是相对性？

相对性是这样一个观点：一个物体的速度只能通过其相对的观察者来决

定。例如，如果一只苍蝇以每小时1千米的速度在车内飞行，以车本身做参考，这只苍蝇的运行速度是每小时1千米。但是如果这辆车以每小时65千米的速度驶过你身边，看起来这只苍蝇是以每小时66千米的速度飞行的，而不是每小时1千米。换句话说，这是一个参照物的问题，而且是相对于你的视点来说的。

▶ **在爱因斯坦相对论的研究中产生了哪些新观点？**

爱因斯坦相对论告诉人们空间与时间已经不可再被看做是分开的独立的实体，或形成被称为"时空"的四维连续体。爱因斯坦理论的复杂性很难用语言解释，阐释其作品最好的方式就是使用某些数学分支的公式，像张量演算。但是如此复杂的等式已经超出了本书的研究范围。

▶ **爱因斯坦的理论改变了人们对维度的概念了吗？**

是的，多亏了爱因斯坦的理论，我们关于维度的观点大大地改变了。更不用说产生这些理论所需要用到的数学。尤其我们不能区分在描述事件时作为元素的时间与空间。取而代之的是，它们都被加入到我们所说的四维空间当中，并以时空的概念为人们所知。

 ▶ **爱因斯坦的著名等式 $E=mc^2$ 说明了什么？**

在爱因斯坦其他的成就当中，他从数学方面告诉人们在质量和能量之间存在着联系：能量是有质量的，而质量代表了能量。这个等式也叫能量—质量关系，是这样表达的：$E=mc^2$。在这个等式中，E是能量，m是质量，c是光速。因为c是一个非常大的数字，即使是很少量的质量也代表着有大量的能量。

虽然,这听起来像是出自电视剧《星际迷航》,但是,宇宙中的时空事件是从四维连续性的角度去描述的。简单说来,每一个观察者都是通过3个类似空间的坐标和一个类似时间的坐标来定位一个事件的。时空中类似时间坐标的选择不是唯一的,所以,时间对于观察者来说是相对的而不是绝对的。这种奇怪的现象就会是:具体而言,对于同一个观察者来说,在不同地点同时发生的事件对于其他观察者来说就将不会发生。

▶ 为什么马克斯·普朗克(Max Planck)对量子理论是重要的?

量子理论(或物理学)包含了通过物质和物质粒子运动发射和吸收的能量。在这种特殊的情况之下,包含了一些非常微小的数量。当被添加到相对理论当中时——这理论需要极快的速度,两者都构成了现代物理学的理论基础。

量子理论其中最重要的方面之一是量子。1900年,德国物理学家马克斯·普朗克提出了所有形式的辐射——正如光和热——是以被叫做量子束的形式出现的。这些量子束被进一步放射吸收为小的分散的数量,在一些条件下表现为物质的粒子。例如,一束光能以光量子或是光子被人们所认知。普朗克完成了这个等式:$E=hv$。在这个等式中,E是单个粒子的能量,v是波的频率,h是一个常量,叫做普朗克常量。

有趣的是,一些人用普朗克的发现去划分物理学的阶段:古典物理学被称为是"前普朗克物理学",而现代物理学被称为是"后普朗克物理学"。

▶ 什么是量子力学?

量子力学是量子理论的分支,它简单地判断了一个事件可能发生的发生比,虽然用数学运算来证明事情是非常有力和复杂的。事实上,量子力学经常被叫做"量子理论最终的数学公式",它发展于20世纪20年代,解释了在原子水平上的物质,同时也被认为是统计力学的延伸,但是却是建立在量子理论的基础上的。量子力学一个重要的部分是波动力学,它是量子力学的延伸,是建立在薛定谔方程(Schrödinger equation)的基础上的。这个观点认为,在原子范围的事件可以通过粒子波之间的相互作用来进行解释。

▶ 什么是泡利不相容原理？

量子理论也依赖于泡利不相容原理。这个原理是由出生于奥地利的瑞士物理学家沃尔夫冈·泡利（Wolfgang Pauli）于1925年发展而成的。该原理认为，对于完全确定的量子态来说，每一量子态中不可能存在多于一个的粒子。例如，两个有同样量子数量的电子不可能占有同一个原子。

▶ 什么是海森堡不确定性原理？

德国物理学家维尔纳·卡尔·海森堡（Werner Karl Heisenberg）不仅帮助建立了光波量子理论，他也发展了海森堡不确定性原理。这个观点认为，不可能同时决定一个粒子的能量和速度。

物理学家马克斯·普朗克是第一个提出能量是存在于叫做量子束当中的观点的人。他的理论后来带来了量子力学和现代物理学的发展。美国国会图书馆（Library of Congress）

▶ 数学还怎样应用于物理当中？

数学在物理中还有许许多多的应用，下面列出的只是其中的几条：

流体力学——这是对运动中的空气、水和其他流体的研究。它包括了紊流和波传播等相关的数学研究。

地球物理学——这是以物理学为基础的对地质学的研究。这个领域中的大多数都是被物质的大规模运动中的数学所支配的，像地震、火山活动和流体力学（如地下火山熔岩物质）。

光学——这是应用数学最多的对电磁波的传播和演变的研究。正如光线的散射和路径，光学需要对几何和三角有很好的了解，更不用说复杂的等式了。

量子物理学家怎样看待光波？

为大量应用数学的量子理论所增加的新观点是由法国物理学家路易·德布罗意（Louis de Broglie）所发展的，他发现了电子和大部分粒子的波本质（他也发明了热量动力学说的数学解释）。他认为不仅光波展现出了像粒子一样的特性，粒子也同样展现出了波一样的特性。

化学与数学

▶ 什么是化学？

化学是关于物质的科学。它研究物质的构成、特性以及反应和变化。因为化学包括了宇宙中的所有物质，它对于研究许多东西也是很有帮助的——从星系中气体的化学构成到活细胞中的化学反应。数学中的许多知识也应用其中，例如，当判断某些化学品的化学构成以及理解其相互关系时就应用到了。

▶ 什么是原子序数和元素质量？

原子序数是原子核中的质子数量。一个原子的原子质量——通常是以原子质量单位来测量的——是一个原子的总质量，或是质子和中子的总质量（电子的质量是可以忽略不计的）。原子序数和质量的重要性是非常简单的：每种元素的原子都有各自的原子序数和质量——都是通过在原子中增减质子和中子来决定的。

▶ 什么是离子？

科学家知道，原子能获得或失去电子，进而获得正电荷或负电荷（这是由质子的数量减去电子的数量所决定的）。例如，有4个质子和6个电子，净电荷（经常被叫做化合价）就是-2。离子就是带有网状电荷的原子（或是一组原子），它可以是正的（正离子）也可以是负的（负离子）。在失去或获得电子的基础上，离子可以形成也可以被破坏。这就是数学应用在化学中的一个例子。

▶ 什么是埃米？

埃米是一个常常应用于化学中与分子有关的计量单位。例如，分子的平均直径是0.5～2.5埃米。1埃米相当于10^{-8}厘米。

▶ 什么是密度？

密度（通常简写为d或者是r）是常被用来形容一个物体质量和体积之间比率的一个数学概念。公式是密度乘以体积等于一个物体的质量，即$d \times v = m$。在标准的计量系统中，密度是以每立方厘米多少克来计算的（或是每毫升多少克）。例如，水的密度是每立方厘米1克，铅的密度是每立方厘米11.3克，金子的密度是每立方厘米19.32克（在大多数情况下，物体密度越高，在地球上就感觉越"重"）。

▶ 化学中的分子式和等式是什么？

化学中的分子式和等式不总是和数学中的是一样的。化学分子式是用符号代表化学元素的构成并用下标标志原子的数量。例如，水的分子式是H_2O，在这个分子式中，有两个氢原子和一个氧原子结合在了一起。下标的"2"表明在这个分子式中有两个氢原子，如果没有下标数，像氧一样，就说明了这个下标是"1"。但是，并不是所有的化合物都是分子，例如，NaCl就被叫做离子化合物。在这些情况下，分子式表明了组成这个化合物各元素之间原子的比

阿伏伽德罗常量（旧称阿伏伽德罗常数）是由意大利物理学家阿伏伽德罗（Amedeo Avogadro）确定的，他也是第一个在化学中使用"分子"这个词的人。它代表了一些基本单元，像原子、分子或分子式单位中1摩尔的任何化学物质所含有的微粒数量（1摩尔大约相当于6.022 140 76×10^{23} 个原子，根据最新从国家标准与技术协会所获得的数字）。更进一步地解释，1摩尔是一种物质以克数来计算的分子重量，1摩尔是包含了阿伏伽德罗常数的物质的数量。例如，12克碳原子的数量在碳-12这种物质中就相当于1摩尔。

例。在化学中还有其他种类的分子式，但这种情况是最为人所熟悉的。

化学中的等式与数学中的等式是有区别的，化学等式代表了两个或更多化合物之间的化学反应关系，还有化学反应所带来的产物。例如，化学式 $2H_2 + O_2 \rightarrow 2H_2O$ 中，就是氢和氧的化学反应产生了水。箭头指向了化学反应所带来的产物。反应物（即参与化学反应的物质）是氢和氧。在书写化学等式的时候也是有方法可循的。简单来说，首先，要决定反应物与结果；其次，决定每种物质的分子式；最后，平衡这个等式。

什么是pH值？

pH值代表了酸碱度，即每升氢离子在以克数为单位的原子中浓度倒数的对数。简单地说，pH值就是在一定溶液中氢离子的浓度。pH值在0～14之间，小于7代表着该溶液是酸性溶液，大于7代表着该溶液是碱性溶液，而7代表着该溶液是中性溶液。

从数学角度讲，一旦氢离子的浓度从化学的角度被判定了（按每升多少摩尔为基础），pH值就会通过对其浓度表达的公式然后将其标志颠倒过来来确定。经常是以这样的表示法来表达的，$pH = -\log_{10}[H^+]$。例如，如果氢离子的某种溶液中的浓度被判定为每升0.000 1摩尔，那么pH值就是4。

很多人从高中就开始熟悉pH值了，特别是用特殊的叫做石蕊试纸的白纸来检验pH值。这种纸包含了一种从某些植物中提取的粉末，能让使用者来判定各种溶液是酸性（试纸呈红色）、中性（试纸保持白色）还是碱性（试纸呈蓝色）。酸性或碱性越强，所呈现出的红色或是蓝色就越深。pH值不仅仅应用在化学课中，它也对与土壤打交道的人非常重要。所有的植物都依赖土壤的pH值来茁壮生长，这就是为什么大多数的园丁和农民都要判断土壤的酸碱性来种植庄稼的原因。

▶ 什么是放射性衰变？

数学同样也可以被应用在存在于某些岩石的放射性物质当中。放射性衰变是某种放射性物质的瓦解和某种电离辐射的放射（正如 α 粒子或 β 粒子，甚至是 γ 射线）。简单来说，当岩石形成的时候，岩石中的矿物质包含了某些放射性的原子，它们会以一个特定的速度衰变。

放射性衰变对放射性年代测定尤为重要，在这个过程中，原始的和衰变的放射性成分会被用来判定岩石的年龄。这是因为某些放射性成分会在一定时间内衰变成一半原有成分和一半另一种成分（或是同位素）的混合体。这就是所谓的原始成分的半衰期。例如，一个岩石中一半的铀-238会在7.04亿年之内衰变成铅-207（所以我们说铀-238的半衰期是7.04亿年）。从统计学角度来说，对于每一种物质的同位素来说，这种变化遵循了一个特定的衰变函数。在任何一个指数函数中，这个函数值衰变为原始值一半的时间是恒定的，这样就使得放射性年代测定在测定某些岩石的年龄时是一种理想的方式。

▶ 什么是理想气体状态方程?

理想气体状态方程(也叫做普适气体定律或是理想气体定律)是一种可以从数学角度来看待的化学定律,它由 $PV = nRT$ 这个等式来表示。在这个等式中,V 是体积,n 是气体摩尔的数量,R 是气体常量,T 是开氏温标下的气温。

▶ 什么是卡路里?

对大多数人来说,卡路里通常与一大块巧克力蛋糕联系在一起。但是在那种情况下,它们被叫做营养学家的卡路里,或者称可以产生能量的单位,相当于一定数量的热量,它们包含在食物当中通过光合作用从身体中释放出来。身体需要我们所吃食物中的卡路里来获得能量。这就是为什么营养学和体重控制教材经常包含着这样的条目:"一个体重63.5千克的人以一个适中的速度步行一小时会燃烧222个卡路里。"

在化学中,一个卡路里也指一定单位的能量。但是就化学实验而言,1卡路里相当于在1个大气压标准原始温度下将1克水的温度提高1℃所需要的热量。对能量的测量单位是焦耳,1卡路里相当于4.184焦耳,1焦耳被理解为(一般是在公制下)将2 000克质量的物体提高10厘米所需要的能量。

天文学与数学

▶ 什么是天文学与天体物理学?

天文学是对外太空物质的研究,常被认为是物理学的分支。但是因为它包含了太多的学科(从星星表面的研究到宇宙的尽头),而经常被认为是一门有着自己研究领域的学科。天体物理学是天文学的一个分支,它研究的是天体的物理学和作为整体来看的宇宙。它涉及的问题从结构、分布、演变、星体之间的相互作用和银河到近地点小行星的轨道力学。

▶ 谁是喜帕恰斯？

喜帕恰斯（Hipparchus of Nicaea）是古希腊最伟大的天文学家之一。他的部分成就包括：最先发明了分点岁差，编撰了翔实的星球目录，将"等级"作为恒星亮度的度量单位，并将一年的长度计算到校正值在6.5分钟之间。他的行星模型是数学方面的，而不是机械学方面的。虽然喜帕恰斯并没有发明它，但他可能是第一个系统地使用三角法的人，而这是他其他发明的必要条件。

著名天文学家哥白尼被认为是第一个提出太阳系中日心说观点的人，但实际上喜帕恰斯早在几个世纪前就推测出了这个真理。
美国国会图书馆（Library of Congress）

▶ 什么是《天体运行论》？

天文学家哥白尼（Nicolaus Copernicus），在他去世的当年发表了《天体运行论》。这部手稿给出了他的理论详尽的叙述：太阳（而不是地球）才是太阳系（或宇宙）的中心。虽然他的理论并不新，但是哥白尼从数学角度阐述了他的观点。这个在宇宙中以太阳为中心的观点，现在被人们熟知为哥白尼体系，是现代天文学的基础。

▶ 什么是开普勒行星运动定律？

开普勒行星运动定律的形成包括了很多的数学知识。这些定律是由德国天文学家和数学家约翰内斯·开普勒（Johannes Kepler）发明的。他将第一和第二定律于1609年呈现在他的作品《新天文学》中，第三定律在1619年发表在《世界的和谐》上。这三条定律如下所述：

开普勒第一定律（或称椭圆轨道定律）——每个行星都是在一个椭圆的轨道上绕着太阳运行，这个椭圆轨道有两个焦点，太阳处在其中的一个焦点上。

▶ 是谁第一个首先计算出了地球到月球的距离？

约在公元前290年，天文学家和数学家阿里斯塔克斯（Aristarchus of Samos）使用几何的方法计算出了到月球和太阳的距离和太阳、月球的体积大小。在他的观察和计算的基础之上，他认为，太阳到地球的距离是月球到地球距离的20倍（实际上是390倍）；他还认为，月球的半径是地球半径的0.5倍（实际上是0.28倍）。这些数字是有出入的，但这并不是因为阿里斯塔克没有几何知识，而是因为那个时代使用的仪器过于落后。

这些计算结果绝不是阿里斯塔克的唯一贡献。他也是第一个提出地球绕着太阳运转理论的人——早于哥白尼好几个世纪。这个观念对于他所处的时代来说过于激进，因为它同地心宗教学说和亚里士多德的所有物体都是朝向地心运转的原则是冲突的。

开普勒第二定律（或称面积定律）——对于每一个行星而言，太阳和行星的连线在相等的时间内扫过相同的面积。

开普勒第三定律（或称和谐定律）——所有的行星的轨道的半长轴的3次方跟公转周期的2次方的比值都相等。

▶ 拉普拉斯是怎样将数学应用于天文学当中的？

法国数学家、天文学家和物理学家拉普拉斯（Pierre-Simon Laplace）是第一个使用数学计算出太阳系重力力学的人。在他的《天体力学》当中，拉普拉斯将牛顿对力学的几何研究转化为一个以微积分为基础的理论（或称物理力学）。他也证明了太阳系的稳定性，但是只是在一个很短的时间之内。拉普拉斯也因为他的行星形成理论而闻名于世。他认为，太阳系是从同一种原始大块的物质演变而来的，这种理论现在叫做拉普拉斯星云假说。拉普拉斯对包括微分方程和概率定理的研究也是他的主要贡献。

▶ 1758年11月25日发生了什么具有重大数学意义的天文事件?

1758年11月25日,一颗现在我们称为"哈雷彗星"的出现,证明了一位著名天文学家的预测(不幸的是,这是在他死后的第16年)。大约从1695年开始,埃德蒙·哈雷(Edmond Halley)仔细研究了彗星,特别是那些带有抛物线轨道的彗星。但是,他也相信一些彗星有椭圆形轨道,所以,他得出理论:在1682年出现的彗星(现在是哈雷彗星)和出现在1305年、1380年、1456年、1531年及1607年的彗星是同一颗。1705年,他预测这个彗星会在76年后(即1758年)重新出现,这个预测成为现实。

这样的计算在那个时代不能不说是一个巨大的成就,哈雷也考虑到了由木星所产生的彗星轨道干扰。甚至到今天,彗星仍然坚持每76年出现一次的周期。它上次出现是在1986年,它会在2062年再一次出现。

▶ 什么是天文学单位和光年?

一个天文学单位是一个应用在天文学中的普遍计量单位之一。它的长短相当于从地球到太阳的平均距离,即149 597 870 700米(现为固定数字,不再变化),而且是被应用来指定很大的天文学距离。例如,地球离太阳有1个天文学单位那么远,金星这颗行星是0.7个天文学单位,火星是1.5个天文学单位,土星是9.5个天文学单位,而运行最快的行星是冥王星,它离太阳有39.5个天文学单位那么远。

光年是一个更大的单位。正像它的名字所暗示的,这是光在1年内所走过的距离,即$9.460\ 7 \times 10^{12}$千米。在大部分情况下,光年这个计量单位是用来计量深藏在宇宙内部的物体的。

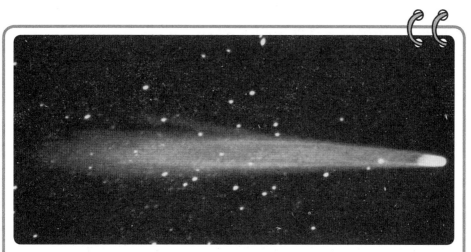

以埃德蒙·哈雷的名字命名的"哈雷彗星",上次出现在离地球很近的地方是在1986年,它再一次出现在地球夜空的时间将是在2062年。斯通/盖蒂图片社(Stone/Getty Images)

▶ 什么是哈勃常量?

天文学家总是对我们宇宙的年龄和各种不同物体在太空中的速度非常感兴趣。哈勃常量是由美国天文学家爱德温·哈勃(Edwin Hubble)研究出来的。它是星系的后退速度(因为宇宙在扩张)和到观察者距离的比率。换句话说,是一个典型星系从地球后退的速度比上它到地球的距离。

哈勃常量的倒数就被认为是宇宙的年龄,经常是以每秒每百万光年多少千米的速度来书写的。如果这个数字很高,说明宇宙很年轻;如果这个数字很低,说明宇宙会非常古老。虽然已经有了非常多的理论,宇宙的真实年龄被认为是120亿~200亿年。

最为大家所公认的宇宙扩张的速度是接近每秒106光年20千米的距离。这样就可以计算出宇宙的年龄大约是150亿年。

▶ 什么是提丢斯—波得定则?

提丢斯—波得定则(Titius-Bode Law)是由德国天文学家提丢斯(Johann Daniel Titius)发展而来的。提丢斯的观点被德国天文学家波得(Johann Elert

太阳光多久能够到达地球？

因为太阳离地球大约有149 597 870 700米远，而光的速度大约为每秒300 000 000米，所以很简单就可以用数学来确定太阳光到达地球的大约时间：

$$t = 149\,597\,870\,700（米）/ 300\,000\,000（米/秒）\approx 500 秒$$

Bode）引入人们的视线。这个定则实际上代表了一个简单的数学法则，让人们用天文学单位去确定行星与行星之间的距离（也叫做半长轴）。它是用这个等式 $a = 0.4 + (0.3)2^n$ 来确定的，在这个等式中，n 是一个整数，a 是一个天文学单位。有趣的是，大部分的行星，即使是小行星带的一颗小行星——同样适用于这个法则，唯一例外的则是海王星。

以天文学单位计算的行星到太阳的距离

行 星	整 数	提丢斯—波得定则*	实际半长轴**
水 星	$-\infty$	0.4	0.39
金 星	0	0.7	0.72
地 球	1	1	1
火 星	2	1.6	1.52
小行星带	3	2.8	2.8
木 星	4	5.2	5.2
土 星	5	10	9.54
天王星	6	19.6	19.2
海王星	—		30.1

*原始的公式是 $a = (n+4)/10$，在这个公式中，$n = 0, 3, 6, 12, 24, 48\cdots\cdots$；$a$ 是行星到太阳的平均距离。

**它是建立在 $a = 0.4 + (0.3)2^n$ 这个等式基础上的，在这个等式中，$n = -\infty, 0, 1, 2, 3, 4, 5, 6, 7$。结果也可以通过这个等式获得 $a = 0.4 + 3n$，在这个等式中，$n = 0, 1, 2, 4, 8, 16, 32, 64, 128$。两个等式都是提丢斯—波得定则的现代版本。

▶ 什么是赫罗图？

赫罗图（Hertzsprung-Russell Diagram）是绝对星等、亮度、恒星分类和星球表面温度的数学关系的二维图谱——这就促成了星球的生命周期的图谱。它是由丹麦天文学家赫茨普龙（Ejnar Hertzsprung）在1911年发现，美国天文学家亨利·诺维斯·罗素（Henry Norris Rusell）在1913年独立绘制而成。

▶ 天文学家怎样确定行星间的距离？

天文学家当然需要用到数学来确定到太阳系中天体之间的距离。第一个计算出这个距离的人是哥白尼，他利用了简单的行星位置的观察。最早用来测定这种距离的方法是使用行星的轨道周期。开普勒发现，绕同一中心天体的所有行星的轨

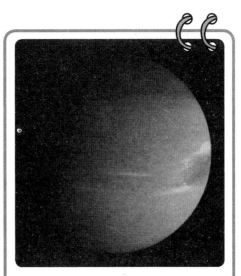

海王星是我们太阳系中唯一一个不适用于提丢斯—波得定则模型的行星。图片库/盖蒂图片社（The Image Bank/Getty Images）

道的半长轴的3次方和它的公转周期的2次方的比值都相等，所以$T = kr^{\frac{3}{2}}$。在这个公式中，T是旋转一周的时间，r是太阳中心到行星中心的最远距离，k即开普勒常数。

▶ 天文学家怎样确定到达恒星的距离？

在太阳系之外较近的行星相对于较远的行星在地球从太阳的一侧移动到另一侧时看起来好像改变了方向——这种现象叫做视差。你可以利用视差来决定到星球的距离，只要这些星状物体是在离地球几个光年远的位置（在星空中更远的星星当地球从太阳的一侧运动到另一侧时不会足够改变它们的位置）。首先，测量星星在天空中的位置；其次，6个月后当地球在轨道的另一侧时，再测

量一遍。如果距离 a 和角度 ac 是已知的（见下图），使用三角函数，c 可以被确定为是 $\frac{a}{\cos(ac)}$。

▶ 计算出一个遥远物体的大小很简单吗?

是的，计算出一个遥远物体的大小是可能的，只要它们不是特别小。完成计算的关键是知道到这个物体的距离。例如，如果一个人在一个伸手可以够得到的地方拿着一个5分的镍币，另一个人在200米外也拿着一个5分镍币，那么这个硬币看起来会小些，

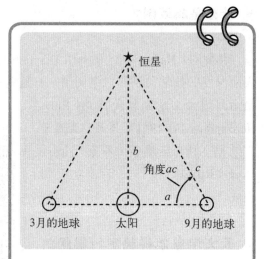

使用视差来确定到一个星球的距离是通过计算这个星球当地球绕着太阳运转时明显的位置转移来确定的。

但是它的实际大小并没有改变。如果一个人知道一个物体看起来有多大，知道它有多远，就能回过来确定这个物体的实际大小。简单说来，这也是天文学家用来计算外太空遥远物体大小的方法。

▶ 当宇宙飞船到达火星时,曾经出现过什么样的数学运算错误?

火星气候轨道飞行器是洛克希德·马丁空间系统公司（Lockheed Martin Corporation）和美国宇航局推进技术实验室（NASA's Jet Propulsion Laboratory，JPL）共同研制的结果，它被期望在1999年9月23日进入轨道绕这颗红色行星运转。相反的是，这个火星飞行器完全和地球失去了联系。在多方思考后，复查专家小组对这个令人不安的事故做出了如下的结论：当项目小组使用不同的计量系统来编写导航命令时，出现了一个助推器方面的错误——美国国家航空航天局使用了公制单位，而美国空间系统公司使用了英制单位，而且没有人注意到这个不同。

直到今天，科学家只能推测出运行轨道飞行器发生了什么，它被送入太空中是去研究气候和火星大气的天气模式的。一些人说因为这个飞行器在行星

中降落到60千米之内——大约比计划中近100千米，大气的摩擦可能引起了助推系统的过热然后破坏了机器。另一些人认为飞行器是通过大气被推进（或弹起）然后又一次进入了太空，可能现在它正如一颗人造彗星那样在绕着太阳运转。

▶ 数学是怎样用来发现太阳系以外的行星的？

天文学家总是梦想着去发现我们太阳系以外的其他行星，即外太阳系行星。1994年，波兰天文学家亚历山大·沃尔兹森（Alekzander Wolszczan）宣布发现了第一颗外太阳系行星（实际上，这是两颗行星，它们的质量分别是地球质量的3.4倍和2.8倍），绕着脉冲星PSR B1257+12运行（一颗脉冲星定期发送光脉冲，这个从地球上是可以发现的）。沃尔兹森通过测量脉冲的到达时间的周期变化发现了这两颗行星。

有几种方法可以用来寻找外太阳系行星，所有的这些方法都包括数学的应用。例如，多普勒频移的方法通过测量年年月月日日从来自星球的光的波长的变化来得出结论。波长的变化（即多普勒频移的光）就是由一个星球绕着一个普通质量中心和一个伴星的轨道运转引起的。一个我们太阳系中的行星的例子就是巨大的气体行星木星：它巨大的重力使得太阳以每秒12米的速度绕着一个圆圈摆动着运转。

另外一个发现方法被叫做天体测定，是利用行星在其母星系中位置的周期性摇动来进行测量。在这种情况下，最小的可探测的行星质量会变得相对小，和行星到星体的距离是成反比的。这些方法是很有效的，到2005年，已经发现一百五十多颗这样的行星。

二 自然科学中的数学

地质学中的数学

▷ 什么是地质学？

地质学（geology）一词是从希腊语 *geo* 演变而来的，意思是"地球"，后缀 "*-ology*" 是从 *logo* 演变而来的，意思是"讨论"。总的来说，地质学被认为是对地球的研究。在现代，由于对宇宙的探索已深入太阳系内部，地质学研究的内容现在也包括了其他行星和卫星的地貌。

▷ 第一个首次为地球做出了一些精确的测量的人是谁？

希腊地理学家、图书馆学家和天文学家埃拉托斯特尼（Eratosthenes of Cyrene）对地球做过一些精确的测量，这就是为什么他常常被称为"测地学之父"的原因（测地学是对地球测量科学的研究）。虽然他不是第一个对地球的周长做出推论的人，埃拉托斯特尼被大部分的历史学家认为是第一个精确测量出这些数据的人。

埃拉托斯特尼知道，太阳光在夏至那天正午的时候会射到塞恩城内一口井的底部（现在是埃及尼罗河上的阿斯旺，意味着太阳正好在头顶）。他把这个井的影子和在亚历山大城内同时间的影子做了对比。知道在塞恩城的天顶距[从天顶(直射头顶)到太阳在正午时的所在点的角度]是0°,这就意味着在亚历山大城大约是7°。通过测量这些角度和两个城市之间的距离,埃拉托斯特尼使用几何学推论出地球的周长是250 000视距。这个数字后来被修正为252 000视距,换算得40 320千米。

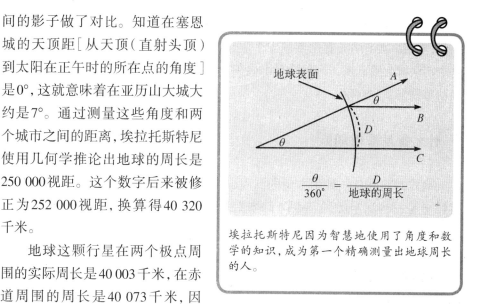

埃拉托斯特尼因为智慧地使用了角度和数学的知识,成为第一个精确测量出地球周长的人。

地球这颗行星在两个极点周围的实际周长是40 003千米,在赤道周围的周长是40 073千米,因为地球并不完全是圆的。从他的数据中,埃拉托斯特尼也测出了另外精确的尺寸:地球的直径。他推断,地球的直径有12 631千米,这个数字就和现在的平均值12 742千米比较接近了。

▶ 科学家怎样测量地球的转动速度?

地球的转动速度是建立在地球转动的恒星周期之上的,但这会因观测者所处位置的不同而产生不同。用地球转动一次所走过的距离除以走过这些距离所用的时间,速度就可以确定了。

假如,一个在地球赤道上的人在一天内会走完地球周长的距离——大约是38 624千米。为了得到这个速度,用他所走过的路程除以他走回原点所用的时间(大约24小时),即每小时1 609千米。在地球极点上的人几乎没有任何速度。这是因为在一天中几乎没走什么距离(一个垂直插在地球南极或北极冰中的木棍只会在一天内行走大约12厘米)。

在地球的其他地方呢?从赤道向南或北朝着两极运动会降低一个人的切向转动速度。所以,在地球上任何一点的转动速度可以通过用在赤道的速度乘以这一点纬度的余弦值计算得出。

但是要记住,地球的转动不总是年年甚至是每个季节都是一致的。科学家知道，在这个转动等式中还有其他的因素，包括由广泛气候条件所引发的区别。例如，在厄尔尼诺年（在南美洲太平洋赤道周围出现的周期性的暖水的喷射），这个转动就会慢下来。这种情况出现在1982年和1983年之间，那个时候地球的转动每秒慢了1/5 000。

▶ 什么是地质时间表？

地质时间表是一种用方便的图表表示大量时间的一种方式。这个时间表实际上是一种测量方式，包括了地球的全部历史——从它45.55亿年前开始到今天。最大的单位包括千万年、纪和其他时期，最小的时间单位包括世代和亚代。

地质时间的实际单位不是随意的，也不是统一的。最大的单位是建立在地球漫长的历史中偶尔发生的重要事件上的。例如，在二叠纪的末期，大约2.4亿年前，发生了一个非常大的灾难。科学家估计接近90%地球上的物种在那个时间灭绝了，这就导致了一次巨大的灭绝事件，这可能是由一次巨大的火山爆发或者是太空物体袭击地球引起的。小一些的单位通常是建立在特殊的局部结构或是在岩石中发现的化石中的。大部分时候，它们经常是以当地的城镇、人、一些杂物和其他周围的东西来命名的。

▶ 地球的恒星日和太阳日有什么不同？

地球恒星日和太阳日的区别和角度与地球的转动有关系。平太阳日相当于24小时，是轨道年中所有太阳日的平均值。平恒星日是23小时56分4.090 53秒。这不完全等于一个太阳日因为地球转动完一次时，它在太阳周围的轨道中已经移动了一点。所以，当太阳被认为在前一天已回到它原来位置之前的时候它又转动了4分钟。

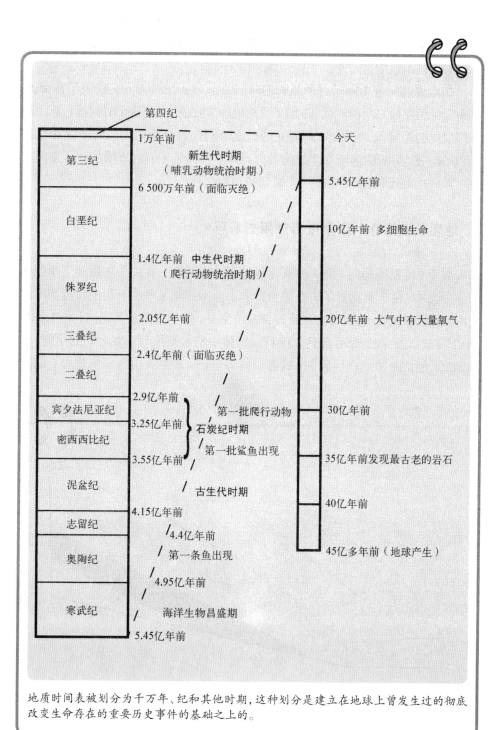

第四纪

1万年前

第三纪　　　　　新生代时期
　　　　　　　（哺乳动物统治时期）

　　　　　　　6 500万年前（面临灭绝）

白垩纪

　　　　　　　1.4亿年前　中生代时期
　　　　　　　（爬行动物统治时期）

侏罗纪

　　　　　　　2.05亿年前

三叠纪

　　　　　　　2.4亿年前（面临灭绝）

二叠纪

　　　　　　　2.9亿年前

宾夕法尼亚纪　　　　　　　第一批爬行动物

　　　　　　　3.25亿年前
　　　　　　　　　石炭纪时期
密西西比纪
　　　　　　　　　第一批鲨鱼出现
　　　　　　　3.55亿年前

泥盆纪　　　　　　　　古生代时期

　　　　　　　4.15亿年前
志留纪
　　　　　　　4.4亿年前

奥陶纪　　　　　第一条鱼出现

　　　　　　　4.95亿年前

寒武纪　　　　　海洋生物昌盛期

　　　　　　　5.45亿年前

今天

5.45亿年前

10亿年前　多细胞生命

20亿年前　大气中有大量氧气

30亿年前

35亿年前发现最古老的岩石

40亿年前

45亿多年前（地球产生）

地质时间表被划分为千万年、纪和其他时期，这种划分是建立在地球上曾发生过的彻底改变生命存在的重要历史事件的基础之上的。

在地质时间表中测量过的最长的时间是多少?

在地质时间表中测量过的最长的时间是前寒武纪时代。它代表了在45.55亿～5.44亿年前之间的时间,占据了大约地球7/8的历史。这个时间段包括了地球形成的初始阶段、它的冷却、地壳的形成,还有,在这个时间段的最后10亿年中,从第一个单细胞演变为多细胞的有机体。5.44亿年前的界限代表了多细胞有机体演化的破裂,包括了第一个植物和动物物种。

地理学家怎样利用角度去理解岩石层?

数学(特别是几何)是一种来理解岩石层的工具。在一个叫做地层学的地质学分支中,科学家测量了岩石的角度和平面来获知某些岩石层的位置和可能在时间的演变中影响岩层的地质事件。特别是,科学家测量了走向(strike)和倾向(dip)。走向是带有任何二维特征物体中的水平线与正北之间的角度,正如断层(经常是由地震引起的)或者是倾斜层(经常由火山周围炽热岩石的隆

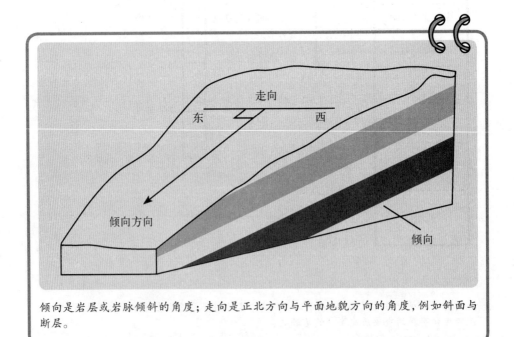

倾向是岩层或岩脉倾斜的角度;走向是正北方向与平面地貌方向的角度,例如斜面与断层。

起所引起的）。倾向是地层或脉岩倾向于水平的角度；它是在垂直的平面垂直于走向来测量的（与走向的水平线是相反的）。

▶ 晶体形状是怎样分类的？

几何在矿物研究方面起了很大的作用。这是因为某些矿物呈现出了叫做晶体的特殊形状，当矿物的原子加入了一个特殊的图形或内部结构时，特殊的晶体形式就会产生。这种特殊的排列是由几种因素决定的，包括化学和矿物原子的结构，甚至是晶体成长的环境。

总的来说，在所有晶体的对应面之间存在着特定的角度。矿物学家将这些晶体形式分为32种对称的几何级别。他们使用这个信息来对某些矿物进行辨别和分类。这些晶体又被细化为7种系统，这种细化的基础是一条想象中通过晶体中心（或轴）的直线。这7组包括正六面体、正方形、斜方晶、单斜晶、三斜晶、六方晶体和三角形（或菱形）。例如，一个在正六面体系统中的晶体有3个轴在右边的角度相交，这些轴有相等的长度。想象这个晶体的最好的方式就是想想一个有相同侧面的盒子——或是一个正六面体。

在矿物中分子的几何排列决定了晶体的形状。图片库/盖蒂图片社（The Image Bank/Getty Images）

▶ 什么是克拉？

克拉是珍贵石头、珍珠和某些金属（如黄金）的质量单位。它原本是一种古代中东商人用来测量角豆和豆子的质量单位。关于重量测量单位，1克拉相当于$3\frac{1}{5}$金衡格令，它也可以等价于4个格令（通常指克拉克令）。钻石和其他珍贵的石头是由克拉和克拉的分数来评估的,珍珠常常由克拉格令来测量。

金子克拉的测量是建立在纯金24个数字的基础之上的。例如,24克拉金子就是纯金(除了金匠的标准,它实际上是22份金、1份铜、1份银,因为真正的金子延展性太好,不容易保持住形状)。18克拉的黄金是75%纯金,14克拉的黄金是58.53%纯金,10克拉的黄金是41.67%纯金。

▶ 建模和模拟是怎样应用在地质学中的?

同科学的其他领域一样,数学建模和模拟被应用在地质学中来理解过去、现在和将来纷繁复杂的物理事件。例如,水文学者(研究在地表上和地表下水流的地质学家)经常使用模型来模拟增加抽取水井中地下水所产生的影响。

▸ 什么是摩氏硬度指标?

摩氏硬度指标(或者称莫氏指标)是由德国矿物学家摩氏(Friedrich Mohs)发明的。这个主观的指标测量硬度或者是矿物的抗划伤性,经常被用来作为一种快捷的方式在田地和实验室里帮助辨认矿物质。但是赋予各种不同矿物质的数字是不与实际的抗划伤性成比例的。所以,使用这个指标最主要的原因就是知道数字低的矿物质也可以被数字高的矿物质划伤。

矿 物 质	硬 度	矿 物 质	硬 度
滑石	1	长石	6
石膏	2	石英	7
方解石	3	黄玉	8
萤石	4	刚	9
磷灰石	5	金刚	10

他们也使用模拟的方法来判断目前能有多少水可以从水井中抽出来,或者是将来能抽出多少而不影响环境。其他水文学者可以使用建模的方式来理解在河、海湾或是河口中的水流,例如判断水是怎样侵蚀了海岸线。研究人员可以模拟雪在火山上是怎样融化的,收集残骸,然后是怎样在事件发生时流向人口聚居地的。

▶ 地质学家是怎样测量地震的强度的?

地质学家测量地震强度的目的是为了对比和判断可能出现的灾难。其中一个测量强度的方法是在1902年由意大利地震学家麦加利(Giuseppe Mercalli)发展而来的,并被叫做麦加利强度等级(在做了小小的改动后被重命名为修订麦加利地震烈度)。这些罗马数字从 I 到Ⅻ,代表了一个地震力量的主观测量,它是建立在对当地人口和结构的影响基础之上的。例如,罗马数字 V 在这个级别当中代表了几乎周围的每个人都可以感觉到的震动,一些盘子和窗户被损坏,不稳定的物体翻倒,树、杆子和其他能看见的高物体的晃动。

但是,科学家想要一个更加坚实、不是那么主观的等级。最早被发展用来测量真正的地震等级的是由美国地震学家里克特(Charles Francis Richter)和德裔科学家古登堡(Beno Gutenberg)发明的。1935年,这些科学家借用了天文学家关于星等的观点(恒星的亮度是由星等来测量的),将地震的等级定义为一种特殊地震计测定的地面会以多快的速度从震中移动的距离。

里氏震级不是像尺子一样的物理标度,而是一个数学概念——它不是直线形的而是对数的。所以,任何在这个等级上的数字的增长都代表了力量上10倍的增加。它的数字代表了发生在离地震震中99.8千米的最大振幅的地震波。因为地震计不总是位于精确的间隔上,这个等级是当地震发生时,使用地震波到来时所释放的能量来推断得出的。

虽然,里氏震级是在地震发生时媒体上提到最为频繁的词语。但是,在当今有一个更为精确的等级,它是建立在由地震引发的运动数学的基础之上的,叫做地震矩规模。这个方法使用和地震中释放能量有关的物理量,叫做矩。地震学家也能从这个领域中的断层的几何构造或震动图的阅读中推断出地震矩规模。当想要向公众描述一个地震事件的时候,科学家偶尔会使用地震矩规模,但是,因为这个概念太难解释,所以这个数字经常被翻译成里氏震级。

尼泊尔的珠穆朗玛峰（图为右山顶，纳普斯特山在左边，海拔有 8 844.43 米）是地球上海平面以上最高的山峰。国家地理图片库/盖蒂图片社（National Geographic/Getty Images）

▶ **什么是海平面？**

　　海平面是某一点大洋表面的高度，它是依据情况变化而定的。它也是大部分地球表面各种测量值的基础，因为海平面是用来作为判断陆地海拔和大洋深度的参考点。

　　科学家已经算出了平均最高海拔、最低海拔和海平面下的深度。最高的是珠穆朗玛峰（位于西藏—尼泊尔），比海平面高出 8 844.43 米；陆地上最低的点是死海（位于以色列—约旦），比海平面低了 728 米。在海平面以下最大的深度是位于太平洋的马里亚纳海沟，它是一个深的裂口，低于海平面 11.03 千米。

▶ **什么是平均海平面？**

　　平均海平面（MSL）是一次潮水中所有水位的平均水平面（海水的高度）。

局部来说,平均海平面是在给定的一段时间内在一点或多点通过测潮仪来测量的。最终的数字结果采用了风浪和其他海平面周期性变化的平均值。平均海平面的整体价值是参照一个叫做水准点的陆地水平记号来测量的。所以,科学家们知道平均海平面的真实变化或者是来自一个海平面的变化。例如,来自全球变暖的影响,或者是陆地上测潮仪器高度的变化,局部隆起。

还有一个大量使用数学的方式来确定平均海平面。对于一个测地学家来说(研究地球形状的人),平均海平面是通过对比全球平均海面的测量高度与一个作为参照的叫做大地水准面来确定的。大地水准面是一个椭圆形状接近地球平均海平面的数学模型。之

一个护林人使用全球定位系统来精确地找到他在欠发达地区的方位。使用卫星技术,全球定位系统不仅能测量出纬度和经度,还能测量出高于海平面的高度。斯通/盖蒂图片社(Stone/Getty Images)

所以做这种对比,是因为地球并没有一个完美的几何形状,例如,墨西哥湾以北的大西洋大约比它的南端低1米。平均海平面不是一个水平的表面,由于有像由风引起的水流和大气冷却和加热这样的因素存在,它们导致了在全世界范围内海平面的不同。但有趣的是,它和全球大地水准面的差别从未超过2米。

▶ 科学家怎样将平均海平面的使用与全球气候变暖联系起来?

很多科学家都对长期海平面的变化很感兴趣,特别是当与全球气候变暖联系起来时。通过这样长期的测量,这些科学家希望确认对几种气候模式的预测,包括这样的观点:全球变暖是由人或是自然来源所排除的气体所引发的温室效

应的后果。

有两个主要的方式来确定这样的海平面的变化。第一种使用了验潮仪,用数学的方法来取各种数字的平均值。最新的图表用这种方法进行评估,结果显示了每年有203.9～292.6毫米海平面的升高。第二个方法是使用全球定位系统的仪器和卫星高度计测量标准,两种方法都精确、快速、有效地测定出了全球海洋的高度。例如,1994—2004年,科学家用数学的方法绘制出了从卫星高度计测量方式的得到的图表,图表显示全球平均海平面已经升高了,在335.3～914.4毫米之间的一个数字。

不管使用什么方法,科学家已经知道全球平均海平面在慢慢地升高。很多人相信,升高值的1/4是当大洋变暖时,由热膨胀所导致的,还有1/4是由在世界范围内小冰川的融化引起的。某些升高还有可能是由人类活动如树木燃烧、地下水抽取和湿地的流失引起的。现在,科学家对海平面升高的真实速度还不是十分确定,主要因为需要有大量的数据:必须要有多年来大洋潮水记录的平均值,还得根据不同海洋动力学和地球地壳的扭曲作出修正。

气象学中的数学

▶ 什么是气象学?

气象学是对大气现象之间的相互作用及其过程的研究。它常常被认为是地球科学的一部分,而且和天气与天气预报联系在一起。

▶ 空气是由什么组成的?

气象学家通过分析它不同的成分来判断空气的组成;这些主要显现在各成分在大气中所占的比例。地表之上的64～80千米范围内包含了地球大气质量的99%的重量。在构成上基本是相同的,臭氧层为海拔19～50千米。

在大气的最低处(人、其他动物和植物生存的区域)最常见的气体是氮(78.09%)、氧(20.95%)、氩(0.93%)、二氧化碳(0.03%),还有一些微量气体像氖、氦、甲烷、克、氢、氙和臭氧。水蒸气也在大气的低处,虽然它很易变而且占非常低的比例。在大气的高处,随着大气变得稀薄,它的构成及其百分比都会改变。

▶ 空气温度是怎样测量的?

简单说来,有两种方式可以来看待空气的温度。从微观规模角度说,它就是气体分子平均动能的小规模的测量;从宏观规模角度来说,就是大气作为整体的运动。在物理学中,有一整个分支都被投入到研究物体的温度和不同温度物体之间热的转换中去了。这门叫做热力学的学科的研究包含了大量数学的知识。

无论我们讨论哪种类型的温度,最常用来测量的装置就是温度计。最为大家所熟悉的温度计都是细长的、封闭的、包含某种液体的玻璃管——经常是酒精或者是水银。当温度升高时(或者是在玻璃管周围的温度升高时),它会引起气体的扩张,向玻璃管上方移动。空气温度的测量经常被读为摄氏或是华氏。

▶ 相对湿度和绝对湿度是怎样测定的?

当需要判断绝对和相对湿度时,数学随时随地都是非常有用的。绝对湿度是在一个特定的温度下,特定体积空气中的一定质量的干空气比上一定质量的水蒸气所得到的数值。在这个例子当中,空气越温暖,它包含的水蒸气就越多。

另一方面,相对湿度(RH)是绝对湿度和最高的可能达到的绝对湿度的比率,它反过来也依赖于当前的空气温度。从数学角度来说,相对湿度被定义为是水蒸气的密度(单位体积的质量)与饱和的水蒸气密度的比率,常常是以百分比的形式来表达的。表达相对湿度的等式是:相对湿度=实际水蒸气的密度/水蒸气饱和密度×100%。

相对湿度是在给定的温度之下,一定数量的水蒸气与在这个温度之下空气能够包含的水蒸气的对比。例如,如果一个地区的相对湿度是百分之百,这通常意味着空气中的水蒸气已经达到了饱和状态,不能再容纳水蒸气了。

为什么当不下雨或不下雪时,天气预报有时会说湿度是百分之百?

百分之百的湿度通常意味着很有可能将要下雨,但也不总是这种情况。也可能相对湿度是百分之百——因为云正在形成。如果接近地面的相对湿度非常少(例如,如果一个相对干的空气质量在这个位置的话),在这个表面就不会有雨。这就是为什么多普勒雷达在这个地区显示有雨实际上却没有下的原因。

什么是热指数?

当血液的温度已经超过人体平均的温度37℃(98.6°F)时,我们的身体会随着血液循环速度的变化,通过皮肤、汗腺散发热量;万不得已时,通过大口地喘气来流失水分。流汗即人体通过蒸发水分降低身体温度。把酒精涂抹在你的皮肤上,便能得到同样的感受,因为当酒精挥发时,皮肤便会冷却下来。

热指数是一个将空气温度和相对湿度合并起来,估计实际上感觉有多热的一个指数。它建立在一个叫做热指数等式的数学概念基础之上,这是一个长的等式,包括了干空气的温度、相对湿度(以百分比的形式)和许多因太长而不能一一列出的生物气象学因素。由此产生的热指数表代表了表面上的或是感觉上的温度。例如,如果空气温度是32.2℃(90°F),相对湿度是60%,感觉起来就好像有37.8℃(100°F)。

为什么气象学家想让人们注意热指数呢?

因为如果相对湿度很高,它就削减了皮肤上水分的蒸发,身体就不能有效地降温(而且这个人会认为空气很温暖)。当热指数值升高时,情况超出了身体所能清除热量的水平,导致身体的温度升高。这可以导致与热有关的疾病(如中暑)。例如,根据美国国家天气服务系统的调查,直接暴露在太阳之下会导致热指数升高9.4℃（15°F）。当一个热指数在32.2℃～40.6℃（90°F～105°F）时，可能会导致中暑、热虚脱和热性痉挛。

下表显示了我们实际感受到的热是怎样随着温度和湿度变化的（湿度用百分比表示，温度用华氏温度表示）。

热 指 数						
实际华氏温度	90%	80%	70%	60%	50%	40%
80°F	85°F	84°F	82°F	81°F	80°F	79°F
85°F	101°F	96°F	92°F	90°F	86°F	84°F
90°F	121°F	113°F	105°F	99°F	94°F	90°F
95°F		133°F	122°F	113°F	105°F	98°F
100°F			142°F	129°F	118°F	109°F
105°F				148°F	133°F	121°F
110°F						135 °F

根据国家天气服务局显示，中暑、热痉挛和热虚脱时的温度都可能超过了32.2℃（90°F），当温度超过40.6℃（105°F）也能导致中暑，如果超过54℃（130°F）并长时间暴露在这种温度之下，中暑就非常有可能发生了。

▶ 大气压是怎样测量的?

大气压是由测量这种压力的仪器来命名的，它是由压向地面、海洋和空气下方大气的重量引起的。因为气压取决于在某一点之上的空气数量，气压在平面时最大，在高海拔时就会变得比较小。平均来说，在海平面，空气的压力是每平方米10千克。

气压计是测量大气压力的一种计量器，它对于帮助预测天气变化的高气压系统和低气压系统的测定是非常有帮助的。
泰科西／盖蒂图片社（Taxi/Getty Images）

美国国家天气服务局不是以此来测量压力的，而是以水银的高度来测量的——其本质是压力会将一个密封管子中的水银推高多少。高处的空气压力是用毫巴来记录的（毫巴也叫做百帕，是用来测量气压的术语）。

我们中大多数人对气压都是比较熟悉的，它随着天气的变化而变化。例如，对高压系统和低压系统这种术语词汇的使用，说明了何种天气面正经过这个地区。总的来说，下降气压（如气压表中所显示）意味着很有可能出现云和降雨；上升气压意味着可能出现晴朗的天气。而且，许多人都经历过气压的变化。例如，当人们上、下飞机、登上高的山峰甚至在乘电梯当中所感觉到的不舒适或是耳朵中的疼痛感，都是气压改变的影响。

▶ 气压随着海拔升高会降低多少？

我们需要使用数学来计算出气压会随着海拔的变化降低多少。接近地面时，由于重力的作用，空气分子施予空气的压力最大（在海平面在1 000毫巴左右）。从这开始，它随着海拔的变化迅速降低，在5 500米为500毫巴；在64.37千米时，它将会是地面气压的1/10 000。

这也可以用另一种方式来理解：对于低于914.4米的海拔来说，海拔每增加3米，大气压会降低大约0.025厘米汞柱（或是海拔每增加304.8米，大气压降低2.54厘米汞柱）。如果使用毫巴，那就是海拔每增加8米，大气压降低1毫巴。这意味着如果一个人坐电梯，按了到50楼的按钮——巧合的是在他的衣兜里有一个气压计——这个压力就会在上升的过程中降低1.27厘米。这也意味着高海拔城市在气压识别中存在着很大的不同。例如，在科罗拉多州的丹佛，那里的大气压只有与海平面持平城市大气压的85%。

▶ 风是怎样测定的？

风速是相对于地表来说可测量的空气运动。它是以在单位时间内走过的单位距离来测定的，像每小时多少千米。风向也表明了风是从哪个方向来的。例如，南风表明了风是从南方向北方吹过来的。

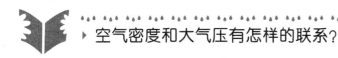

▶ 空气密度和大气压有怎样的联系？

"稀薄空气"这个表达，实际上是指大气的密度——反之，则说明接近地表的空气分子有多密集。在化学术语中，密度是任何东西的质量（包括空气）除以它所占的体积。例如，在海平面的干空气的密度是非常高的，主要是因为重力的作用。海平面密度是每立方米1.292 9千克，即此处水的密度的1/800。但是，当海拔升高时，密度大幅度降低。从数学角度来说，空气的密度与气压成正比，与温度成反比。所以，在大气中的位置越高，气压越低，空气密度越低。

在高海拔的地方对于某些运动是有一些优势的——至少对足球或棒球运动员来说。因为空气密度低，一个扔在高海拔地区上空的球会比接近海平面地区滚得远。事实上，某些高海拔地区的空气允许球比在低海拔地区多滚10%远。

▷ 用来计算风寒的新公式是什么？

风寒是指当身体暴露在一定的空气温度和一定的风速下时，身体感受到的温度。风速越高，风寒温度越低，人暴露在外面的身体部分会越快流失热量（这个过程被叫做转移蒸发，当水蒸气蒸发时，它蒸发的表面会流失一些热量）。

最新的风寒图（即寒冷指数表）在2001—2002年的冬天取代了于1945年创制的风寒图。变化的原因很简单：原来的寒冷指数是关于热的流失的，是以站在室外，空气以每小时6千米的速度移动时所感受到的寒冷的标准设置，纯粹建立在温度和风的基础之上。还有水是怎样在塑料容器中结冰的，这些图表是由保罗·西珀（Paul Siple）和他的同伴探险家帕索（P. F. Passel）1939年在南极洲发展而来的。

并不是所有人都为这个简单的解释而激动，然而，有一些东西从"寒冷"这个概念中消失了，正如人类总是不断地为高于每小时64～65千米风速测定的缺失来发热。西珀和帕索也是在高于地面大概10米的地方来测定风速的,这就使得这个图表的价值对于一个三层的办公室比对一个地平面的办公室来说更加宝贵。但是整体上最大的问题是老的风寒表不能准确地预测人类是怎样感受温度的。

所以,新的寒冷指数产生了。这个图表包括了在人平均身高的高度(离地面大约1.52米)上所计算的风速的变化,它是建立在人脸模型和其他更多"现代"因素考虑的基础之上的。实际的寒冷指数公式已经变成如下的形式:华氏温度的风寒 $=35.74+0.621\,5T-35.75(V^{0.16})+0.427\,5(V^{0.16})$,在这个公式中,$T$是空气的温度(华氏温度),$V$是风速(以每小时多少英里来表示)。

新的寒冷指数和老的寒冷指数最大的区别是新的寒冷指数经常记录了更加温暖的气温。还有,不论是等式还是图表,当温度极低、风很大时,大家都应该注意保暖。

计算风寒

风速(千米/小时)												
0	5	10	15	20	25	30	35	40	45	50	55	60
40°F	36°F	34°F	32°F	30°F	29°F	28°F	28°F	27°F	26°F	26°F	25°F	25°F
35°F	31°F	27°F	25°F	24°F	23°F	22°F	21°F	20°F	19°F	19°F	18°F	17°F
30°F	25°F	21°F	19°F	17°F	16°F	15°F	14°F	13°F	12°F	12°F	11°F	10°F
25°F	19°F	15°F	13°F	11°F	9°F	8°F	7°F	6°F	5°F	4°F	4°F	3°F
20°F	13°F	9°F	6°F	4°F	3°F	1°F	0°F	−1°F	−2°F	−3°F	−3°F	−4°F
15°F	7°F	3°F	0°F	−2°F	−4°F	−5°F	−7°F	−8°F	−9°F	−10°F	−11°F	−11°F
10°F	1°F	−4°F	−7°F	−9°F	−11°F	−12°F	−14°F	−15°F	−16°F	−17°F	−18°F	−19°F
5°F	−5°F	−10°F	−13°F	−15°F	−17°F	−19°F	−21°F	−22°F	−23°F	−24°F	−25°F	−26°F
0°F	−11°F	−16°F	−19°F	−22°F	−24°F	−26°F	−27°F	−29°F	−30°F	−31°F	−32°F	−33°F
−5°F	−16°F	−22°F	−26°F	−29°F	−31°F	−33°F	−34°F	−36°F	−37°F	−38°F	−39°F	−40°F
−10°F	−22°F	−28°F	−32°F	−35°F	−37°F	−39°F	−41°F	−43°F	−44°F	−45°F	−46°F	−48°F
−15°F	−28°F	−35°F	−39°F	−42°F	−44°F	−46°F	−48°F	−50°F	−51°F	−52°F	−54°F	−55°F
−20°F	−34°F	−41°F	−45°F	−48°F	−51°F	−53°F	−55°F	−57°F	−58°F	−60°F	−61°F	−62°F
−25°F	−40°F	−47°F	−51°F	−55°F	−58°F	−60°F	−62°F	−64°F	−65°F	−67°F	−68°F	−69°F

风速（千米/小时）												
0	5	10	15	20	25	30	35	40	45	50	55	60
−30°F	−46°F	−53°F	−58°F	−61°F	−64°F	−67°F	−69°F	−71°F	−72°F	−74°F	−75°F	−76°F
−35°F	−52°F	−59°F	−64°F	−68°F	−71°F	−73°F	−76°F	−78°F	−79°F	−81°F	−82°F	−84°F
−40°F	−57°F	−66°F	−71°F	−74°F	−78°F	−80°F	−82°F	−84°F	−86°F	−88°F	−89°F	−91°F
−45°F	−63°F	−72°F	−77°F	−81°F	−84°F	−87°F	−89°F	−91°F	−93°F	−95°F	−97°F	−98°F

▶ 用来说明飓风和龙卷风的主要等级有哪些？

有两个主要的等级用来形容飓风和龙卷风的强度和潜在的破坏性。萨菲尔—辛普森飓风等级用数字1～5来规定飓风强度的飓风力量等级。这个等级是由工程师赫伯特·萨菲尔（Herbert Saffir）和飓风专家罗伯特·辛普森（Robert Simpson）在1971年发展而成的。赋予飓风等级的数字是建立在它最高风速的基础之上的。它也被用来评估可能带来的财产损失和可能从飓风着陆的海岸所引发的海水泛滥。

藤田级数是用来测量龙卷风速度的。它是在1971年提出的，以芝加哥大学的藤田哲也（Tetsuya Theodore Fujita）的名字命名的。藤田首先根据龙卷风所造成损害的多少将其划分等级，通过将蒲福风级表中的12种力量与声音的速度（一个马赫数）联系起来发展了它的分类，然后对每个级别的损失进行了估计。藤田等级后来与皮尔森等级合并起来测量龙卷风路径的长

龙卷风的力量是通过藤田级数来划分等级的，它将风速和龙卷风造成的损失也考虑其中。图片库 / 盖蒂图片社（The Image Bank/Getty Images）

度与宽度或者是龙卷风与地面的接触。

萨菲尔—辛普森飓风等级

类别	风力	压力	效果
1	119～153千米/小时；65～86节	>980毫巴	海浪会比正常高出1.2～1.5米；小的树丛损坏和树木轻度损伤；非锚定的可以动的房屋可能会被移动；一些沿岸洪水泛滥，码头被破坏
2	154～177千米/小时；84～95节	980～965毫巴	海浪会高出正常水平1.8～2.4米，有相当数量的植物被破坏，一些门窗和屋顶被损坏，可以动的房屋和建得不好的大坝受到巨大的损伤；沿岸和地势低的地区会在中心飓风到岸前2～4小时洪水泛滥
3	178～209千米/小时；96～113节	964～945毫巴	海浪会比正常高出2.7～3.7米；小的房屋和一些公用建筑物会有结构性的损毁，树叶会被吹落，一些大的树木被吹弯，可移动的房屋被损坏；沿岸和地势低的地区会在中心飓风到岸前3～5小时洪水泛滥
4	210～249千米/小时；114～134节	944～920毫巴	海浪比正常高出4～5.5米；小的房屋可能失去房顶，树木和标志牌被吹落，可移动的房屋被破坏，许多门窗被破坏，沿岸和地势低的地区会在中心飓风到岸前3～5小时洪水泛滥
5	>249千米/小时；>135节	<920毫巴	海水会比正常高出5.5米，许多房子和商用建筑会失去屋顶，一些小的建筑物和公用建筑会被完全损坏，所有的植物会被夷平，对低海拔的房屋和其他低于海平面4.6米以及在450米海岸线之内的其他建筑物会有很大的破坏，会要求大规模的人员撤离

藤田级数

等级	强度	风力	频率	损失描述
F0级	轻度破坏	64～116千米/小时；35～62节	29%	一些树枝被折断，对建筑物的瓦片和窗户有一些损坏，广告牌和其他的标志有一些破坏
F1级	中度破坏	117～180千米/小时；63～97节	40%	树木被连根拔起，汽车被刮离路面，移动的房屋被刮起，房顶被风吹翻
F2级	较严重破坏	181～253千米/小时；98～136节	24%	可移动的房屋被毁坏，小屋和一些小的建筑物被破坏，房屋的屋顶被刮走，大树被连根拔起，火车车厢被掀翻，空中轻物狂飞

等级	强度	风力	频率	损失描述
F3级	严重破坏	254～332千米/小时；137～179节	6%	房屋的屋顶和墙壁被刮走，金属的建筑严重损伤倒塌，森林和农田被破坏，大的车辆被吹到空中，火车被刮翻
F4级	毁灭性破坏	333～419千米/小时；180～226节	2%	坚固房屋被夷为平地，汽车被抛向空中很远，一些基础不牢的建筑物被刮走，大的水泥和钢制物件横飞
F5级	极度破坏	420～512千米/小时；227～276节	<1%	房屋被刮走，甚至基础很坚固的房屋会被刮走很远，大的办公楼和其他建筑物受到严重损坏，飘飞碎片挂树梢，和车一样大的物体变成空中横飞物
F6级	难以想象的破坏	513～610千米/小时；277～329节	<1%	这个级别的龙卷风是不太可能出现的。遭到损坏的地区可能已经面目全非，证据只有通过工程研究才有可能被发现；这样的地区可能被遭受过F5级龙卷风侵袭过的地区包围，车辆和大的机器物件及其他大的物体会导致额外的损失

▶ 第一次使用数学预测天气是什么时候？

　　第一次使用数学来预测天气的人之一是英国气象学家刘易斯·弗莱·理查森（Lewis Fry Richardson）。1922年，他提出了使用微分方程来预测天气，这个观点发表在理查生的《用数值过程来预测天气》一书上。理查森相信从气象站得到的观察会为初始的情况提供数据，从那些信息当中，天气情况提前几天就可以预测出来。

　　但是，理查森的方法非常单调乏味而且浪费时间，主要是因为在前计算机时代必须通过人力来完成计算工作。所以，理查森的计算大部分来得太晚而失去了任何预测的价值。理查森认为，需要用6万人来做此计算才能预测第二天的天气。但是，他的观点为现代天气预测奠定了坚实的基础。

▶ 什么是数值天气预测？

数值天气预测使用数字模型来预测天气。因为所包括的数学的复杂性，更不用说预报天气所需要的变量的数目了——所有的数值模型研究都是在高速度运行的计算机上进行的。计算机通过解出一系列的方程式产生了大气的计算机模式，这个计算机模式显示了天气情况是怎样随着时间的变化而变化的。

▶ 计算机模型是怎样尝试预测天气的？

总的来说，计算机模式过去常常用大约七个等式来预测天气，它们约束着基本的参数——气温、压力和其他参数是怎样在大气中随着时间的变化而变化的。科学家们把运用物理和数学知识研究大气运动过程的学科叫做动力学。

▶ 天气预报模式的例子有哪些？

不止有一组模型来进行天气预报，在世界范围内还有很多气象学家使用计算机模型。例如，美国国家天气服务局（United States National Weather Service）的天气预报是在国家环境预测中心（National Centers for Environmental Prediction）进行的。这个中心每天运行几种不同的计算机模型来确定最佳的天气预报。有短期预报，也有长期预报；有全球或半球的预报，还有地区性的预报。

NGM——嵌套网格模型，是将观察报告在各种不同的点上转化为数值的模型，这些点是被平均分隔开的，这就使得计算机程序很容易将它们与等式连接起来。这种模型现在已经过时了。

ETA——ETA模型是由ETA坐标系统命名的，它是将地势（如山）考虑其中的数学坐标系统。它与NGM模型相似，并且预报了同样的大气变量，但是，它更小的网格可以做出一个更加翔实的预报。

AVN、MRF和GSM——AVN模型、MRF（中等预报）、GSM（全球波普模型）将数据转化为大量精确的波，然后将波以能产生预报图的方式加以还原。

ECMWF——ECMWF（欧洲中心中程气象预报）是世界上最先进的天气预报模型，它主要应用在北半球。

UKMET——UKMET模型（英国气象办公室）也为整个北半球地区提供预报。

MM5——MM5（中尺度五号模型）和WRF（气象调查预报模型）实际上是同样的模型。MM5是一个为相对较小的地理预报区如南极洲所做的调查计算机模型。

生物学中的数学

▶ 什么是生物学？

生物学是生命的科学。它包括了对有机体特征和行为的研究；人口、物种或者个体是怎样形成和演变的，与有机体之间、环境之间的相互作用关系。

▶ 什么是数学生物？

数学生物是生物数学的另一种叫法。这个跨学科的领域包括了使用数学技术模拟自然生化的过程。数学生物是由来自各自领域学科的数学家、物理学家与生物学家对下列这些问题进行研究的，例如模拟血管的形成将其应用于药物疗法、模拟心脏的电生理学、探索人体中酶的反应、追踪疾病传播的类型等。

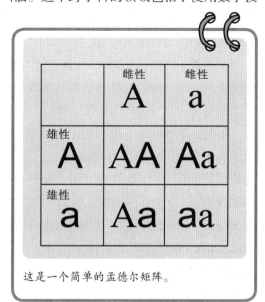

这是一个简单的孟德尔矩阵。

▶ 什么是种群动态？

数学生物中，人们主要的兴趣领域之一就是种群动态。种群是在某个区域的一个特殊物种个体的数量；种群动态研究的是一个或几个种群聚居地某些生物变量长期或短期的变化。

种群动态的研究实际上已经进行了几个世纪。例如，重量或是人类年龄的对比或是其他动物种群的对比；这些种群是怎样随着时间的变化而变化。关于人类的种群，研究人口输入最简单的两个方面是出生率和迁入率，两个基本的输出是死亡率和迁出率。如果输入比输出多，人口将会增长；如果输出比输入多，人口就会缩减。

▶ 种群力学是怎样应用数学知识的？

种群力学将观察报告和数学组合在一起，特别是对微分方程的使用。例如，为了判断某个国家在十年之后的人口是多少，科学家使用了指数模型的数学模型，或者是人口变化与现存人口的比率。

▶ 孟德尔的贡献是什么？

奥地利修道士孟德尔（Gregor Mendel）从1857—1865年用豌豆的植物做了实验，最终发现了遗传学定律。他收集了34种不同种类的豌豆，并试图通过杂交来判断产生新的变种的可能。通过自己给这些植物授粉，并把它们遮盖起来以避免计划外的外部授粉，他判断出了它们果实的特征，如高度和颜色。

在孟德尔之前，科学家们认为，一个物种的遗传特点是混合过程的结果。他们还认为，一段时间后，各种亲本特征就会逐渐消失。孟德尔证明了这些特点实际上遵循了一套特定的遗传学定律。

但是，孟德尔为了出版他的研究著作可谓是费尽周折。甚至在他的书被当地一个自然历史协会出版后，他的工作还是被人们所忽略。当孟德尔被提升为修道院的院长时，他放弃了园艺和科学研究。巧合而且令人惊奇的是，到了1900年时，三个在不同国家工作的生物学家——荷兰的雨果·德弗里斯（Hugo de Vries）、德国的科伦斯（Carl Erich Correns）和澳大利亚的契马克（Erich von Tschermak）各自发现了遗传学定律。但是，他们都知道孟德尔的发现，并大方地将这些发现的荣誉归功于他。孟德尔理所当然被人们普遍认为是"基因学之父"。

▶ 费雪自然选择的基础定理是什么？

进化生物学家、基因学家和统计学家罗纳德·爱尔默·费雪爵士
（Sir Ronald Aylmer Fisher），1933年首先提出了费雪自然选择的基础定理。作为一个数学概念，它表明，种群进化的速度是和现有基因的多样性成一定比例的。他也因建立了现代统计科学的基础而被人们所称道。

▶ 海尔登对基因学作出了什么样的贡献？

苏格兰基因学家海尔登（John Burdon Sanderson Haldane）、罗纳德·爱尔默·费雪、斯沃·格林·赖特（Sewall Green Wright）共同发展了种群基因学。在其他的贡献当中，海尔登的著作《进化的起因》是第一本主要的作品，后来因《现代进化综述》这个书名而被人们所知晓。这本书利用了达尔文自然选择的进化论，用数学结果将孟德尔的基因理论呈现出来，奠定了生物遗传学的基础。

▶ 什么是计算机生物学？

计算机生物学指的是生物研究，它包括主要使用计算机进行的计算。许多生物学家研究计算机生物学来开发算式法和一些软件来处理和分析生物数据。他们还

查尔斯·达尔文（Charles Darwin）借鉴了孟德尔关于基因学的观点并形成自己关于进化的理论。美国国会图书馆（Library of Congress）

使用计算机来开发和应用某些数学方法来分析和模拟分子生物过程。

　　另外一个使得生物和计算机很好结合在一起的原因在当今世界是非常明显的：基因组——人类的或是其他种群的。为了承担起绘制基因图谱（一个物种全部的基因）这个艰巨的任务，科学家已经开始求助于电脑的帮助，用它来做像染色体排序、计算机染色体分析和蛋白质结构分析等研究。

　　计算机技术还可以应用在许多其他的任务当中。例如，它正在被用来开发新的方法来预测在人或是其他有机体中所新发现的蛋白质和组织核糖核酸，来将蛋白质序列归入相关的序列家族当中，而且发明出了系统发生树（或称进化树，就像人类与猿的关系）来检验进化的关联。

 ▶ 人的基因组序列有多少个碱基？

　　计算机为什么对研究人类基因生物学家如此重要是有很好的理由的。这些数据是交错排列的，如果没有计算机的帮助，这会让科学家花费几代人的时间来分析这些数据。例如，要不停地读取一个人基因序列的30亿个碱基要花费9.5年的时间。这是以每秒读取10个碱基的速度来计算的，相当于每分钟读取600个碱基，每小时读取3.6万个碱基，每天读取86.4万个碱基，每年读取3.1536亿个碱基。

　　一个DNA序列的数据中的100万个碱基[也即一个兆碱基（megabase），简写为Mb]大致上相当于1兆字节计算机数据的存储空间。因为人类基因组有30亿碱基对那么长，计算机要有3千兆字节大的存储空间来存储全部的基因组。这只包括一种叫做核苷酸序列数据的东西，而不包括可以和序列数据联系在一起的其他信息。研究人类基因组的科学家会因有计算机帮助处理这些数据而感到十分高兴！

▶ 什么是生物信息学？

生物信息学是将生物学和信息科学结合起来逐渐演化而来的一个新的研究领域。在过去的几十年中，分子生物学方面的进步和计算机能力的完善使得生物学家能够完成绘制几个物种的大的基因图这样的任务。例如，一种叫做酿酒酵母的烘焙酵母的图谱已经被完整地排序出来了。

人类基因组工程已在2003年完成。它确定了30亿DNA副族单位的完整序列图，确认了所有人类的基因，这就使得相关信息能应用到更深一步的生物学研究当中去。从那个时候开始，其他的大学和机构也开始承担起分析结果的任务，确认基因数字、精确的位置及其功能。这样大量的信息也使得储存、组织和索引这些序列的数据变得非常必要。处理这些信息的计算机专家就是生物信息学专家。

数学与环境

▶ 什么是生态学？

生态学（ecology，也写做 bionomics）是生物学的一个分支，它研究关于自然界中有机体的丰富种类和分布，是有机体和环境之间的关系。它是一个关于数量的科学，生态学家会使用复杂的数学和统计学去描述和预测自然界中的模式和过程。

▶ 数学是怎样被用来描述在一定环境下有机体的种群增长的？

总的来说，一定种群的有机体（从兔子到人类）如果不加控制都会成倍地增长。这就意味着在一个"完美的世界"当中，人口增长的速度是恒定的。这可以从下面的等式当中看出来：

- 一年后 $= P_0(1+r)$
- 二年后 $= P_0(1+r)^2$

- 三年后 $= P_0(1+r)^3$

......

- n 年后 $= P_0(1+r)^n$

在这个等式中，P_0 为现在的人口，r 是增长的速度，这些等式会因人口增长的统计数字而得到进一步的修改，但是这个复杂的计算不在本书的研究范围之内。

▶ 约翰·格兰特和威廉·佩堤爵士的贡献是什么？

英国统计学家约翰·格兰特（John Graunt）通常被认为是人口统计学的奠基人，这门学科是对人口进行统计学方面的研究。在1661年，在分析出了伦敦人口的主要统计数字之后，他写出了被后人认为是统计学方面的第一本书——《对死亡记录的自然和政治观察》。

威廉·佩堤是一位实用型数学家，他想在英国建立一家国家统计公司，以便能计算出由于瘟疫所带来的经济损失和收益。美国国会图书馆（Library of Congress）

死亡记录指的是在伦敦所收集到的死亡数字，伦敦曾深受过几次大瘟疫之苦。因为当时的国王想要对瘟疫的爆发有一个比较早的预警系统，所以保存了每周人数的死亡报告和死因。在这个信息的基础上，格兰特对伦敦的人口作了一个估计，这被认为是第一次对这种数据作出的评估，所以一些人认为它是人口统计学建立的标志。

格兰特的工作影响了他的朋友——威廉·佩堤爵士（Sir William Petty）。佩堤的工作有一些实用价值（并和政治有关）：他想为英国的王室建立一个中心统计办公室来对英国的全部财富作出评估。他的不同寻常的方法就是去假定国家的收入与国家整体的消费是相等的。他没有忘记黑死病，也将对黑死病估计造成的损失考虑到国家经济各方面当中。佩堤爵士指出，国家对预防黑死病所造成死亡的适度投入会产生丰厚的社会收益。

▶ 什么是逻辑等式？

逻辑等式（造成了图表中的曲线）代表了一个物种数目的成倍增长直到它到达了其特定环境下的承载能力的极限。这个承载能力经常用字母 K 来代表，是一个环境所能承受的最大种群数量，环境改变了，K 也变了。例如，像增加了一个食肉动物，减少了一个竞争者，或是增加了一个寄生虫。下面的这个表达式（以微分方程的形式）代表了人口增长的速度是受到种间竞争约束的：

$$\frac{dN}{dt} = rN \frac{(K-N)}{K}$$

在这个方程中，N 是人口的大小，K 是承载能力，r 是内在的增长率。

▶ 什么是生存曲线？

生存曲线记录和绘制了年轻一代的命运和他们在关键年龄段生存下来的机会。大大影响所有种群的因素是出生率、死亡率和寿命。通过记录一段时间内出生和死亡的数目，研究人员能够确定在每个年龄级别有机体的平均寿命，这些数字透露给我们很多关于种群方面的信息。

有三种基本的生存曲线。第一种曲线代表了有后代并有着很高的生存率的种群，大部分种群成员会活到一定年龄然后死去，人类就是一个例子。第二种曲线代表了从出生孵化到死一直都有稳定的死亡率的有机体，它们的生存方式会有所不同，包括像鹿、大的鸟类和鱼这样的物种。第三种曲线包括出生后生

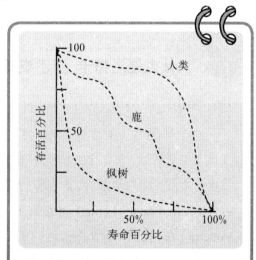

在这个简单的生存曲线图中，很容易可以看出来枫树、鹿和人的生存率是怎样随着时间的进行呈现出不同的。

存率很低的生物,但是生存下来的生物个体会有很高的寿命,枫树和橡树可以被归在这个级别之内。

▶ 什么是空气质量指数?

数学在空气质量指数中充当着一个重要的角色,这个等级是由美国政府开发的,目的是测量空气中有多少污染物。空气质量指数测量五种特定的污染物:臭氧、颗粒物质、一氧化碳、二氧化硫和二氧化氮。这些级别从0(空气质量好)到500(危险空气质量),指数越高,污染物就会越多,有害健康的可能性就更大。

▶ 什么是环境模拟?

像大部分的科学一样,数学模型和计算机模拟对于环境应用在某个地区或是全球范围内来说,都是非常有用的。例如,科学家会模拟环境地形的改变、全球气候的改变和对生态系统的影响、分水岭和蓄水池的相互作用、森林管理及其可持续性。

▶ 什么是洛特卡-沃尔泰拉方程?

洛特卡-沃尔泰拉方程是关于在一定环境当中物种之间食肉动物与猎物之间的关系,也是建立在微分方程的基础之上的。这种掠食者—猎物理论是由美国化学家、人口学家、生态学家和数学家的阿尔弗雷德·洛特卡(Alfred James Lotka)和意大利的数学家维托·沃尔泰拉(Vito Volterra)在1925年各自提出的。他们参考了种间竞争(两个或多个物种之间)为了争夺有限的资源所进行的竞争。有限的资源包括食物、营养物、空间和配偶、栖息地或任何一种需求大于供应的东西。

▶ 什么是计算机生态学？

计算机生态学可以被看做是环境模拟的一个子集，因为它针对的是从环境问题中所产生的实际问题，并用数学加以解答。例如，在生态毒物学中，数学模型被使用来预测环境污染物对于种群的影响。自然资源管理使用数学为鱼和猎物设置配额。自然保护生态学家使用数学模型来测试为受到威胁的物种所设置的再生计划的效果，甚至是设计自然保护区。

三 工程学中的数学

工程学基础

▶ 什么是工程学?

工程学作为一门学科,是关于应用科学知识解决实际问题的"艺术"或科学,通常应用于商业和工业领域。科学家对一个问题问"为什么",然后研究其答案;而工程师想知道如何解决这个问题然后才是如何实现这个解决方法。但把两者完全分开并不容易。通常一位科学家使用工程学知识(比如为研究制造特殊设备),而工程师们常常必须做科学研究。

工程师(engineer)及发动机(engine)均来自拉丁词根*ingenious*("有技巧的")。在一些语言(如阿拉伯语)中,工程学这个单词也表示"几何学"的意思。工程学的众多分支包括航天、农业、建筑、生物医药、计算机、土木、化学、电子、环境、机械、石油和材料科学。

▶ 工程学中使用哪些类型的数学?

数学在工程学中是必不可少的,特别是在代数、几何、微积分和统计领域。工程学的某些分支依赖于众多的数学变式,包括算术、代数、几何、微积分、微分方程、概率和统计、复分析和其他方面的结合。例如,土木和结构工程师使用大量的线性代数和矩阵；机械工程师使用对数和指数、微积分、微分方程和概率统计；而化学工程师使用数学中的代数和几何、对数和指数、积分和微分方程。

▶ 有哪些关于让-巴蒂斯特·傅立叶 (Jean-Baptiste Fourier) 的详细内容

法国数学家、物理学家让-巴蒂斯特·傅立叶男爵（Baron Jean Baptiste Fourier）的成就，证明了并非所有的著名数学家都仅仅研究数学。傅立叶是一名教师，参与了法国大革命，因为他的观点而被捕，并于1794年坐牢。有一段时间他甚至惧怕会上断头台，但政治的变化最终使他获释。1798年，傅立叶作为一名科学顾问加入了拿破仑侵略埃及的部队。傅立叶在埃及继续自己的工作，在那里建立教育设施并进行考古探索。1801年随拿破仑回到法国后，他监督了布尔关沼泽的排干和从格勒诺布尔到都灵高速公路的建设。他也花时间撰写了《埃及记述》（*Description of Egypt*），这本书由拿破仑编辑，其中包括一些历史改写（在这本书的第2版中，文本完全由拿破仑本人编辑）。

在此期间，傅立叶1807年还撰写了流传至今的论文《论固体中的热传导》（*On the Propagation of Heat in Solid Bodies*），这是一本关于热理论的数学著作，其中呈现了他的主要贡献之一：傅立叶级数。但是，得到同行的认可却是个攻坚战。1811年，傅立叶提交1807年写下的《论固体中的热传导》论文，这篇论文和傅立叶的另外两篇文章《论无限固体冷却》（*On the Cooling of Infinite Solids*）和《论地热和辐射热》（*On Terrestrial and Radiant Heat*）一起赢得了数学奖。最终，在1822年，傅立叶出版了他1811年的论文，使傅立叶分析的技术得以公之于众。时至今日，傅立叶研究出来的函数在工程学、科学和数学中都有大量的应用。

▷ 什么是插入和推算？

数学中的插入表示在已知的数值间找到一个函数的值（或结果）；换言之，这是一种在采样数据点之间估测数值的方法。数学中的推算是在已存在的数据范围之外估测一个问题的值。在工程学中，两种方法都被大量使用。

▷ 什么是傅立叶级数？

傅立叶级数的构想是法国数学家、物理学家让−巴蒂斯特·傅立叶创造的，这是通过扩展函数来表达一个函数的替代方法。一个傅立叶级数实际上是包含三角函数的无限数学级数的一个专门类型。简单地说，它本质上是正弦波的无限和。傅立叶级数常在应用数学中使用。在工程学和物理学中，它被用来把一个周期（或连续）函数分解成一组更简单的项；在电子学中，它被用来表达在通信信号波形中看到的周期函数。

▷ 什么是有限元分析？

有限元分析（即FEA）是工程学中特别是在热传导、流体力学和机械系统问题方面解决问题的一个有力工具。FEA由一个经过加强材料建造和精心设计的计算机模型组成，接着为特定的结论分析结果。在现实中，计算机采用数字分析技术解决微分方程并联系到工程问题中的重点。

这项技术首先在1943年由理查·库兰特（Richard Courant）创造，他使用FEA的一种形式来发现

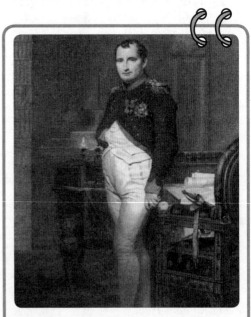

当拿破仑·波拿巴率领军队进入埃及时，法国数学家和物理学家傅立叶投靠了他，当了一名科学顾问。傅立叶还参与了抽干布尔关沼泽地，然后建筑一条新公路的工作。美国国会图书馆（Library of Congress）

震动系统的精确解决方法。在20世纪70年代早期，只有那些拥有昂贵大型电脑的公司才能使用FEA，这些公司涉及航空、汽车、防御和核等领域。然而，从19世纪中期开始，随着具有更强存储功能的更快、成本更低的计算机的出现，FEA的使用得到了发展，结果也更加准确，不同工业可以进行新产品设计并对已有产品进行更新。

▶ 工程师对哪些类型的分析感兴趣？

　　工程师对几种类型的分析感兴趣，而这些类型都需要数学建模。结构分析是关于线性和非线性模型以及材料上的应力。线性模型假设这种材料不会产生塑性变形（在加载引起的变形被消除后仍存在的变形），非线性模型的应力超过

▸ 为什么有限元分析对许多产业都很重要？

　　有限元分析对众多产业都很重要——特别是那些需要预测在未知应力下一个结构、物体或材料的缺陷——因为它可以使设计者在结构内部了解全部的理论应力。这削减了实际建造和检验一个结构样本会产生的制造费用。

　　有限元分析使用复杂的点（或结点）系统，建立叫做网格的坐标方格。这个网格被程序化来容纳组成这个结构的所有材料、性能和其他因素，并决定它对某种加载条件，如热、引力、压力或点荷载的反应。指定这些结点通过材料的密度，这完全取决于在特定区域预期的应力水平。总的来说，带有更多应力的点（如一个建筑的拐角或车架的接触点）通常比应力较小或没有应力的点拥有更高的结点密度。研究人员检验有限元分析的结果时了解到结构如何回应不同的应力。通过这种方法，在大部分系统的理论操作指南被算出之前是不必制造结构样机的。

它的弹性能力。而材料的应力随变形的应力而有所不同。振动分析是关于可能的共振和后续故障。它用来检测一种材料可能遇到的随机振动、冲击或撞击。疲劳分析用来测定一种材料或结构的寿命。它显示了对一个结构或物体加载的应时（周期性）或循环效应,指出最有可能发生断裂的位置。工程师度量热转化来决定一种材料或结构的传导性或热流体动力。通过这种方法,研究人员了解一种材料如何对不同的热或冷的情况作出反应——或者在较长的时间内它如何扩散热或冷。

▶ 什么是多维分析?

简单地说,多维分析是一种处理单位测量的方式,它使用代数来确定计算的数量的合适单位。例如,在一段时间内经过一定距离,以米/秒为单位,加速度即一定时间内的速度变化。因此,加速度的单位是米/秒平方。

▶ 什么是最小二乘法?

这个数学过程,通过最小化所有曲线偏差的平方和来找到一系列给定点的最佳拟合曲线。在工程学中,最小二乘法经常被用在流体流、特定弹力问题和材料中的扩散和对流等方面。

▶ 为什么拉普拉斯变换在工程学中很重要?

拉普拉斯变换是一种解线性微分方程并把它们转变成更容易解决的简单代数问题的方法。这种方法由法国数学家和理论家拉普拉斯创造。尽管以他的名字命名,拉普拉斯变换似乎由丹尼斯·泊松（Denis Poisson）于1815年首次应用。如今,这种方法已广泛应用于电子工程问题中。

▶ 建模和模拟在工程学中是如何使用的?

建模和模拟在小规模和大规模范围内都已成为工程学的重要部分。因为建造任何尺寸的结构都要花费时间和金钱,工程师们常常建立一个数学模型、一系列的方程来描述如果用这个模型所表示的方法来建造一个结构将会怎样。使用电脑(或图形)呈现给工程师们一个三维视角。

例如,在建造航天飞机前,工程师们使用数学建模来模拟这架飞机在三维空间中的模样。通过这种方法,工程师们获知航天飞机如何飞行、耐热砖顺利地再次通过空气阻力层需要多么结实以及在不同条件下着陆应如何操作航天飞机。电脑是唯一在没有实际测验情况下解决这类问题的方法。这种方法迅速而轻松地解决众多数学方程——特别是微积分和微分方程——描述航天飞机如何起飞、飞行和着陆。

▶ 什么是流体力学?

流体是流动的物体,包括气体和液体。流体力学(或水力学)是对这些气体、液体和它们在工程系统中的角色的物理行为的研究。这包括力学数学和物质的运动、湍流、波传播等。

大部分工程学中的流体力学问题使用微分方程来进行数学建模。这些模型也可以应用于其他工程学领域,如电磁学和固体力学(因为固体尽管缓慢,但仍然在"移动")。其他流体力学研究包括物质的压缩性。大多数情况下,液体被认为是不可压缩的,而气体可压缩。但是,在一些日常工程学应用上会有例外,使用数学建模就可以很容易地发现它们。

工程师们也使用特殊的数学方程来测定流体流的某种特性,如水流是否缓慢流畅(层流)或者湍急。例如,在同一水流中,惯性力对黏滞力的比例可以通过雷诺数来表达;层流流体流可以用纳维—斯托克斯方程来表示;无黏性的(或一种理想的流叫无黏性流)可使用伯努利定律表示。最后,当流动是零(或静止)时,流体由流体静力学的定律和公式来操控。

▶ 对流体力学的研究有多久了?

根据许多历史学家的说法,流体力学可能是物理学和工程学中最古老的分支。特别是古代文明为了农业的发展、饮用水的供给和运输需要而控制水流。因此,流体力学的发展,作为流体运动和行为的研究,取得更多(更复杂)的进步。例如,农业需求带来了灌溉水渠、堤坝、堰、水泵甚至"喷灌系

马来西亚的双峰塔（Petronas Towers）高度为452米，是1998年世界上最高的建筑。2004年，高达509米的"台北101"大楼（Taipei 101）成为当时的最高建筑。要建造如此巨大的建筑，工程师们需要熟知大量有关强度和压力的知识以使建筑物不会因为自身重量而倒塌。图片库/盖蒂图片社（The Image Bank/Getty Images）

▶ 奥利弗·黑维塞是谁?

英国电气工程师奥利弗·黑维塞(Oliver Heaviside),是一位自学成才的天才,他对电气领域甚至是大气研究都作出了一些贡献。1902年,黑维塞预言,大气中有一个传导层可以使电波跟随地球的弯曲而变化——这个层现在以他的名字命名。

在电气工程学中,黑维塞最为著名的是运算微积分,这是一个使用常系数解决线性微分方程的工具。它常被用来计算短暂易逝的(瞬时)现象并且与运算中的拉普拉斯变换非常相近。尽管拉普拉斯提出他的想法已近一个世纪,黑维塞却对此一无所知,因为在他的时代这些想法并未广为流传。

然而,黑维塞的运算微积分确实存在一些问题,也就有了很多的批评。它有很大的局限性是因为它缺乏数学理论。这不仅限制了它的应用,也引起了方程和求解的很多不确定性和歧义。如今,运算微积分已经被拉普拉斯变换所取代,特别是在电气工程学这样的领域。

统"的稚拙形式;对于便携(可饮用)水供给的需要带来了更好的水井、喷泉和蓄水系统;水运的革新改善了船帆和砖塔,同时也改善了帆船的建造和防水方法。

但是,早期的流体力学研究并未就此止步。随着时间的推移,已扩展到科学和工程学的几乎每一个领域。例如,机械工程学使用流体力学是因为需要了解燃烧中使用的流体(船和汽车)、润滑(从较小的车轮内部巷道到较大的机制,如运河沿线的船闸)、能量系统(水力发电)。电气工程师使用流体流来分析如何用空气或水来冷却电子设备。甚至早期(和现在)的航空工程师也需要了解空气如何流过飞机机翼,为飞机提供所需的提升力使它可以在空中飞行。

▶ 流体力学的研究在当今是如何应用的？

当今世界，流体力学在工程学中的应用似乎无穷无尽——无疑，流体力学是数学和工程学应用最广泛的领域之一。如今流体力学在众多领域中的应用包括了解熔岩（液体）在火山喷发中的运动；对空气流过物体进行研究来辅助设计飞机、航天飞机，甚至是飞过其他星球大气层的宇宙飞船；对汽车工业中的空气流进行研究来设计拥有更多气动分布的汽车；分析股票市场的起起落落；检测自然灾害，如下雪造成的雪崩；解释下水道和水管以及河道中的湍流；研究大气中天气形势的复杂流动；在空中达到重力波的效果；应用流体力学来研究包括水波和水流在内的深海和沿海海岸线；等等。

为了搞清熔岩从火山流动的方式，数学家们应用了流体力学的知识。科学纪实图像库/盖蒂图片社（Science Faction/Getty Images）

土木工程学与数学

▶ 土木工程师如何使用数学？

尽管大多数土木工程师实际上只把一小部分时间用在运算上，数学对于这一领域却是至关重要的。例如，土木工程师会用数学进行机械运算来设计一个工程项目。他们会在实际建造前使用数学来建模并模拟一个结构的特性，也会用数学来理解必要的化学（材料的强度）或一个工程项目的物理组件（部件需要多大强度）。

▶ 测量员如何使用数学？

测量员使用数学（特别是几何学和三角学），因为他们需要测量地面上的角度和距离。然后，他们解释数据，在地图上准确地画出结构边界和位置这样的信息，并将其用于个人或法律用途，例如：调查私人领地显示产权界限来获得抵押等。传统的测量方法叫做平面测量，这种方法不考虑土地的弯曲，因为对于大部分小的工程，这个弯曲没有实际的影响。当弯曲有影响时，特别是测量更大距离的工程时，使用的测量方法叫做大地测量。

▶ 测量员如何进行测量？

大多数测量员的测量是通过经纬仪来获得的，这个工具可以用作望远镜、直尺和量角器。将经纬仪设置在一个已知地点（比如一个场地从前测量过的角落），用经纬仪的望远镜观测一个特定地点（比如场地的另一角），并测量距离（大多数现代经纬仪使用激光来测量距离），同时通过水平和垂直平面的角度测量加以补充。然后，测量员使用三角学来分析数据，把它转化成更便捷的形式，通常是用 x、y 和 z 坐标。例如，依照设想的结果，可以从极限测量值中算出直角和斜距来表示仰角距离和平面距离的差别。平面距离和角也可以从极限测量值转化成直角坐标。

▶ 如何用线性代数来确定结构的稳定性？

结构工程师使用很多线性代数，主要是因为有许多方程带有与一个平衡结构分析相关的众多未知数。大多数时候这些方程是线性的，甚至是包括弯曲的时候（材料变形）。线性代数也能用于其他结构问题中，因为它与向量、向量空间、线性变换和线性方程系统的研究有关。当然，线性代数不仅被用来了解结构，几乎工程学的每个分支领域都使用这类的数学计算。

▶ 如何用数学来计算堤坝背部的压力?

建造一座堤坝时需要许多工程学的思考和运算,最重要的是结构背部的水压。工程师们知道,随着堤坝背部水位的上升,水的高度和密度会引起堤坝底部更大的压力。用数学术语来思考,作用在堤坝上的水平力是在接触水的堤坝区域水压的积分。这个力通过垂直冲向堤坝表面的水而产生,并受到基岩地基和坐落其上的堤坝之间的静摩擦力的抵抗。水也试图使堤坝旋转,围绕堤坝基座流淌的一条线;堤坝重量产生的扭矩做相反运动。

以堤坝上的水压为例,在亚利桑那州和内华达州之间的科罗拉多河上的胡佛水坝建造前,工程师们不仅需要知道沿着整个结构的压力,也要知道基座受到的压力。总的来说,由水产生的压力等于密度乘以深度,这里水的密度是28.3千克每立方米。对于胡佛水坝,每平方米受到16 982千克压力。这就是为什么基座宽度是505.9米(基座更厚是为了弥补堤坝底部增加的压力),而坝顶宽度只有13.7米。

为了精确测量地界,几何学和三角学是测量人员必须精通的数学基本学科。斯通/盖蒂图片社(Stone/Getty Images)

胡佛水坝(Hoover Dam)是科罗拉多河上的宏伟建筑,要完成如此的宏伟工程,工程师们必须得把大坝设计得足够厚以便承受巨大的水压。斯通/盖蒂图片社(Stone/Getty Images)

▶ 如何用数学使建筑抵御地震?

通常夺去人们生命的不是震动,而是结构的塌方。一次震动的水平振动是造成建筑或道路损毁塌方的罪魁祸首。大多数结构都设计成能承受重压的,因此,它们在垂直方向都很坚固。设计能抵御水平地震振动的结构才能挽救建筑和人的生命。

也有其他方法来减少振动中的结构坍塌的数量——这些方法都含有一定量简单或复杂的数学。一个造价高的方法就是把所有的建筑都设计成能抵御该地区可以预期的最大地面振动。这可以利用设计师和工程师熟悉的数学来完成,用数学分析通过一个区域的地震频率有多强。然而,另一个更加实际的解决办法应该是设计能抵御在一个区域预期的专门类型地震的建筑。再者,数学可以用来确定每座建筑振动的频率(或每秒一座建筑摇动的次数)及通过整个地区的潜在振动类型。

数学与建筑学

▶ 什么是建筑学?

简单地说,建筑学就是由工程师对结构,主要是建筑进行设计的学科。但定义不止于此。一位建筑师不仅建造结构,也需要考虑形式、对称、空间和建筑的美观性。为了做到这些,需要使用数学来算出建筑的因素,如角度、距离、形状和大小。

▶ 历史上数学在建筑中是如何应用的?

历史上,建筑和数学有着巨大的联系。古代的数学家即是建筑师,反之亦然,他们应用高超的技巧建造金字塔、庙宇、渡槽、教堂和一系列直到今日我们仍觉得美轮美奂、叹为观止的其他建筑。例如,古希腊和古罗马时期,建筑师也必须是数学家。在中世纪,大多数建筑和结构都含有一些教堂的寓意,这期间

世界上最长的悬索桥是哪一座?

历经十年,日本的明石海峡大桥(Akashi Kaikyo Bridge)终于在 1998年4月5日开通了。它是世界上最长的悬索桥,延伸3 911米,横跨 明石海峡,连接神户城和淡路岛。它的主跨(即当时世界最长的那一段) 在支撑柱之间达到了1 991米,这个跨度长度比之前的纪录保持者、同样 开通于1998年的丹麦的大贝尔特桥几乎长了402米。

但是这座桥最终将失去它的领头羊地位。意大利政府已经通过议 案,计划开始修建意大利大陆和西西里岛之间未来世界第一长的悬索桥。 这将成为工程学上的一个里程碑,主跨度超过3 300米。

建筑的数学因素几乎被人遗忘。在约1400年欧洲文艺复兴时期,出现了一种 新型的建筑,它强调质感和内部空间来产生美学上令人愉悦的"画面",同油画 和雕塑表现的一样。这为观看建筑带来了一个全新的视角并改变了建筑和数 学的关系。

▶ 什么是黄金比例?

黄金比例(也叫黄金分割)是一个有许多有趣比例的数字,它与艺术和设计 中使用的对称和不对称之间的平衡有关。如果"整体与较大部分之比等于较大 部分与较小部分之比",这两部分就是黄金比例。欧几里得把它表达为:将一条 线段分为不相等的两部分,使较长部分为原线段和较短部分的比例中项。长线 段与短线段之比等于全线段与长线段之比。如图所示,对于两部分a和b,原线 段与线段a的比等于a和b的比。

黄金比例的符号是φ,它约等于1.610 339 8,并被认为是一个无限不循环小 数。获得黄金比例的运算如下:

$$\frac{\phi}{1} = \frac{1+\phi}{\phi}$$

$$\phi = 1^2 + 1\phi$$

它等于二次方程：

$$\phi^2 - \phi - 1 = 0$$

结果为：

$$\phi = \frac{1+\sqrt{5}}{2} \approx 1.610\ 339\ 8$$

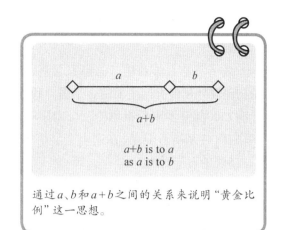

通过 a、b 和 $a+b$ 之间的关系来说明"黄金比例"这一思想。

▶ 黄金比例有什么历史意义？

人们认为，数个世纪以来，许多建筑师和画家在他们的作品中使用了黄金比例。一些历史学家认为，基奥普斯的金字塔含有黄金比例。古希腊人从他们的几何著作中了解了黄金比例，但他们从未真正相信它会像π这样的数字一样重要。在绘画和雕刻领域，文艺复兴时期的许多艺术作品被认为使用了黄金比例，尽管黄金比例只是下意识地被用到了他们的作品中。在1509年，卢卡·帕齐奥里（Luca Pacioli）发表了作品《神圣的比例》（*Divina Proportione*），探讨了黄金比例的数学意义以及它在建筑设计中的应用。

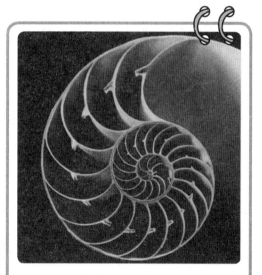

如果把一个外壳切成两半，就会显示，壳腔都遵循着黄金比例规则。这是一个数学在我们周围的自然界中随处可见的极好例子。图片库/盖蒂图片社（The Image Bank/Getty Images）

当然，人类不是唯一"实践"黄金比例的主体。它在大自然和一些系统的动力结构中也都有体现。例如，向日葵种子的间距甚至是带腔鹦鹉螺壳的形状通常被认为与黄金比例相关。

历史学家用什么方法将数学和金字塔联系起来？

金字塔是为法老建造的皇家坟墓，是沿着悬崖叫做石室坟墓的低矮矩形结构向高处延伸有四个面的金字塔。我们最常联想到的金字塔，是建于大约公元前2500年开罗附近祖玛的三个金字塔群。其中最大的法老基奥普斯的大金字塔有147米高。但是，在这个金字塔中没有复杂的通路，它只是一堆重量在3～15吨的石灰石块。

为什么埃及人选择金字塔的形状呢？历史学家了解到，埃及的太阳神发出的光线能到达太阳，他的形象是用金字塔形状的石头来表示的。由于埃及人把太阳奉为他们的主神，金字塔就被当作是这些石头的巨型重现。法老死后，金字塔将作为法老的象征，它会升高太阳的光线与它的太阳神会合。

一些历史学家也相信，金字塔可能含有一些（仍然隐藏）数字意义。特别是一些人相信，金字塔塔底周长与塔高2倍的比，即 $\frac{P}{2H}$，非常接近π；而另一个说法是金字塔面的斜坡也等于圆周率。

文艺复兴时期人们是如何看待建筑学的？

文艺复兴时期，数学和建筑学都在大步前进。特别是教堂建筑不再依赖于十字形，而是圆形。这是因为文艺复兴时期的建筑师们认为，古代数学家将圆等同于几何中的完美，而圆代表的是上帝的完美。

巨石阵最初是用来干什么的？

最著名的古代石头综合性建筑之一是英格兰的巨石阵，它是一个令人印象深刻的工程学和数学成就。公元前2950—公元前1600年，几批

英国著名古迹"巨石阵"，现在被认为是宗教传统的一部分，是为了测量天文事件而设计的。图片库/盖蒂图片社（The Image Bank/Getty Images）

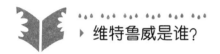

▶ 维特鲁威是谁?

马尔库斯·维特鲁威·波利奥（Marcus Vitruvius Pollio），是一位罗马作家、建筑师和工程师。他是《论建筑》（*De Architectura*）——今天的《建筑十书》（*The Ten Books of Architecture*）——的作者。他的拉丁语论文写于公元前27年，供屋大维（恺撒的养子兼继承人）专用。

这些书可能是最早出版的关于建筑的著作，汇编了维特鲁威时代的建筑思想，并覆盖了以下十个科目：建筑原理，建筑和建材历史，爱奥尼亚式寺院，陶立克式和柯林斯式寺院，公共建筑、剧院、音乐、浴池，港口、城镇、乡村房屋、内部装潢，供水，表盘和时钟，军用力学工程学。其中含有前卫思想的话题，如建材和燃料的制造（材料科学）、公共浴池加热水的机器（化学工程）、圆形剧场的扩大（声音工程学）以及道路和桥梁的设计（土木工程）。

《论建筑》一书非常成功，维特鲁威的建筑学建议被追捧了多个世纪。但是，因为维特鲁威的书籍已经流传了许多年，被很多人复制，特别是中世纪时期，许多中世纪工程师在文本中添加信息，把这些书当成便览而非应保存的文件。最终，历史学家们不得不过滤掉增加的部分来找到维特鲁威的真迹。

当地居民建造了这个分为四个同心圆的由大大小小的石头组成的石头群——其中两个由成对的竖直的石头扛着巨大的拱顶石。根据这些石头随许多天文事件排列的方式，历史学家相信，整个结构实际上是一部巨大的历法。例如，不同的石头按照月亮的活动规律排成一行（满月在水平方向的极限位置在石阵上有记号），也随太阳的活动（包括太阳至点）排成一行。也有人认为，这个石堆是古代在一年的重大日子里献礼的场所。它也是在完全没有计算机的帮助下建造的。

▶ 现代建筑学和数学有什么联系？

当代建筑的基础始于数学。数学规划用在了创造几乎每一个使用中的独立结构，从最小的纪念碑到最大的建筑和桥梁。例如，为了建造一个结构，将要建起这个建筑的区域必须经过测量，看是否合适；然后，需要把建筑规划画在缩小图上，要比建筑的真实尺寸等比例减小；并且建材的数量需要估算（用数学计算出预算）；最后，按照规格建造实际的建筑（几何和测量）。

▶ 用数学建造了哪些著名的建筑？

实际上，所有的著名建筑都离不开数学，特别是在设计和建造的开始阶段。一些更为著名、极富挑战性的建筑包括纽约的克莱斯勒大厦（约建于1930年的钢铁框架摩天大厦，帝国大厦建成前世界上最高的大厦）、纽约的帝国大厦（钢铁框架，石头外壳的商用办公摩天大厦，建于1931年，高381米）、法国巴黎的埃菲尔铁塔（由建筑师古斯塔夫·埃菲尔于1887—1889年间建造，是一个300米高展示性的钢铁瞭望台）、芝加哥韦莱集团大厦（建于1974—1976年间，442米高的钢铁框架玻璃结构建筑，是世贸中心1号大楼前美国最高的建筑）。像蒙特利水族馆这样的地方（使用钢筋水泥，约建于1980年，并与周围的海滨建筑相融合）也需要数学来建造。当然，当人们着手时，所有类型的建筑都需要一些数学知识，即使是一件普通的橱柜也是如此。

1889年，古斯塔夫·埃菲尔（Gustave Eiffel）在法国使用数学概念设计了著名的埃菲尔铁塔。国家地理图片库/盖蒂图片社（National Geographic/Getty Images）

▶ 什么是比例图？

比例图是与其所呈现的实际建筑成比例的图形或图例。为了设计一座新的建筑，建筑师必须把他的想法转化成图纸。但是，因为图纸不能和建筑一样大，建筑师用比例图来描绘这个建筑。这些实际建筑的微型版本显示了尺寸、形状和房间的安排，以及结构部分、窗户、门、内室和其他的建筑细节。这些建筑的比例图必须与实物成准确的比例，为了达到这个目的，必须使用不同的比例。例如，1/8厘米可以用来表示1米；因此，一个8米长的建筑物特征在纸上将是1厘米长。建筑师使用最普遍的比例之一是0.1厘米=1米。

比例图也用于其他工程学领域，如调查。例如，田野中测量的距离可以转换成一个更小的比例（如一个图示）来准确描述测量的实物。实际距离和画出的距离之间的比值叫做比例图。如果在田野中测量60米，那么在纸上的理想长度是2.4米，纸上的2.4米就等于地面上的60米，1厘米等于地面上的25米。转换成图例可写做1：25。也有另外一种方法来表示：如果田野中最长距离是300米，而理想的比例尺是1厘米=25米，那么纸的最小长度将是12厘米。

▶ 比率、比例和对称定律在建筑学中是如何应用的？

比率的定义是用相同测量单位表示的两个数量比的比值。例如，一座建筑如果是200米宽、100米高，其宽度和长度之间的比率就是2：1；也可以表示成分数2/1。这样的关系早在古代希腊和罗马时期就为人们所理解，那时，人们用数学来使建筑具有结构和美学意义。这在建筑学中尤其重要，因为建筑设计是建立于复杂数学比值上的。

比例是表示两个比值相等的等式。每个比例有四个项，第一项和第四项是比例外项；第二项和第三项是比例内项。在每个比例中，两内项之比等于两外项之比。希腊和罗马人经常在建筑和其他设计中使用比例（罗马建筑师维特鲁威在评价比例和对称在建筑中的优点方面起到了一定作用）。在文艺复兴时期，建筑师应用比例和其他数学方程来创造美学上令人愉悦的建筑，使这种美延续至今。

尽管有其他类型的对称，但最普遍的是线对称，一条线将一个物体、线段或其他结构分割成相等的两部分（自然中的一个例子是蝴蝶的翅膀）。如果画一

蝴蝶翅膀上的图案展示了自然界中的对称。图片库/盖蒂图片社（The Image Bank/Getty Images）

条对称线段，线段一端的每个点在线段的另一端都有一个对应点。有一个更加专业的数学方法来定义对称：如果一条线段是两点间部分的中垂线，那么两点关于这条直线对称。古代和现代的建筑师用对称来保持一个建筑或结构在视觉和结构上的平衡。

电气工程学与材料科学

▶ 数学对电气工程学有多重要？

数学的很多分支对电气工程学都非常重要。例如，抽象数学用在通信和信号处理中。复微分方程(解决含导数的方程)用于电路理论和系统设计;同样,在电路理论中,工程是需要懂代数和三角学的。跟电磁学打交道的工程师需要懂微积分,特别是麦克斯韦方程组(Maxwell's Equation)。

▶ 虚数在电气工程学中如何使用?

电气工程中使用虚数是因为复数是电气问题的一个不可分割的部分。事实上,在电气工程问题中常常是虚数多于实数。这是因为复数是一对数字,其中一个是实数,另一个是虚数。

例如,我们知道电流穿过像灯泡这样的电路元件,灯泡在工作(或发光)时实际上阻碍一些电流。因此,电流是真实存在的并可以用电流表来测量。但是如果电流无法流过一个设备,电流就变成了虚拟的。例如,电容是两片不接触的金属,因此,如果增加一个电压,就不会有电流流过。

 ▸ 如何用数学算出电网中的电阻值?

与电路系统和电路理论打交道的电气工程师需要知道基本电路元件的名称和作用,这些电路元件用由电阻抗(阻力)决定的电流与电压之间的关系来表示。复数、微积分和拉普拉斯变换都是用来理解电路理论的数学概念。

理解电路理论基础知识的最好方法是通过下面的简单方程:

电阻——电压等于电流(I)乘以电阻(R),即$V=IR$。

电感——电压等于-1的平方根(j,数学中通常写做i)乘以频率(w)乘以电感(L)——都乘以电流(I),即$V=(jwL)I$;

电容——电压等于电流除以-1的平方根乘以频率乘以电容(C)的积,即$V=\dfrac{I}{jwC}$。

▶ **数学被用来说明材料强度吗？**

　　材料科学也是工程学一个主要学科，包含大量的数学。例如，工程师们需要知道材料如何抵御来自一个结构或覆盖材料压力的应力和变形。对于结构如何回应作用力以及这些力如何影响不同建材的表现，如对木头、钢铁、混凝土等的基本理解是至关重要的。

▶ **技术的进步是我们理解材料科学的基础吗？**

　　是的，技术的进步对于我们理解材料确实很重要，反之亦然。例如，液晶管和超导体的发展是通过了解组成这些东西的材料的

只有具备数学和材料科学的知识，才能建成位于洛杉矶的纵横交错、如蝴蝶结般的高速公路。斯通／盖蒂图片社（Stone/Getty Images）

数学来达到的。数学和材料科学也一起促进了用于基础结构（如高速公路和天桥）、航空（如卫星和航天飞机）以及微电子（如汽车中的）等先进技术。今天，描述来自物理相互作用的材料行为的需要促使科学家发展新的数学。事实上，材料科学已经发展到了同物理学、工程学和应用数学研究共同问题的阶段。

化学工程

▶ **数学在化学工程中是如何应用的？**

　　化学工程中大量使用数学，特别是化学工程师设计材料以及那些材料

的制作过程。为了解决化学问题，使用了许多类型的数学，使用最多的是微积分（包括微分方程）。简单的运算、化学公式和方程的运算都有数学的参与。

传统意义上的化学工程师在石油和大型化学工业领域工作。最近，他们已扩展到制药、食品、聚合材料、微电子以及生物技术工业。使用数学可以参与热力学、化学反应过程、过程动态、设计和控制。他们协助研发新的化学产品和过程，检验工艺流水线设备和装备仪器，收集数据和质量监控。

化学工程师也建立数学模型并分析结果，主要是辅助对一个过程表现的理解。事实上，一个数学问题的"解决"通常是对数学描述的过程行为的理解上，而不是在具体数字结果上。

▶ 如何用数学来理解化学反应？

用于理解化学反应的最简单的数学例子之一是基于两个化学物质A和B（可以是分子或离子）。如果A和B互相接触，它们会重新组成另外两种物质的分子或离子。在这个例子中，C和D发生的反应能够散发或吸收能量，使分子移动得更快或更慢。尽管这只是化学反应中能发生的一个简单例子，仍然可以用数学模型来分析它。例如，假定在时间$t=0$时，有起始数量的分子A、B、C和D，那么在t_1时间，分子将会是什么样呢？这些以及更复杂的化学工程问题都需要用数学建模来回答。

▸ 化学工程师使用数学建模的例子有哪些？

化学工程师使用数学模型的例子不计其数。一个很好的例子是晶体成长模型：液体（从水到熔融金属）冷却后变成结晶固体。工程师用数学设计软件辅助高级晶体成长的生产，特别是在电子和其他工业中。这些改进的晶体形式提高了电子硬件的质量（包括计算机），并帮助工程师为更广泛地应用设计更好的合金。

工业和航空工程学

▶ 统计数字在工业工程学中是如何应用的?

工业工程师研究工厂、商店、修理厂和办公室中人事、材料和机器的高效使用。他们准备机器和设备的布置图,设计工作流程,进行统计研究并分析产品成本。特别是他们非常依赖数学的一个分支: 统计和概率。

▶ 数学在统计过程控制中是如何应用的?

统计过程控制(SPC)是关于应用统计技术来度量和分析一个过程中的变量。有了SPC,工业工程师可以很好地监控和控制,通过统计分析来改进一个过程。这个过程包括四个基本步骤: 测量过程、消除过程中的变量来保持一致、监控过程以及最后的改进过程来制造需要的(通常是更好的)产品。但这不是一切问题的答案。SPC的作用是确保产品像计划的那样生产和设计。因此,SPC并不辨别设计的好坏,仅仅按计划执行而已。

▶ 什么是统计品质管理?

粗略地说,品质管理的出现已经有一段时间了。当某种产品生产出来,消费者选择这种商品后,制造者会尝试提高这个产品的质量或降低其成本。质量的提高并不仅仅指产品,也包括制造产品的过程。但是,数学的使用在早期的品质控制中作用很小。直到20世纪20年代,统计学才应用到工业和品质控制中,主要是因为抽样理论的发展。

当代统计品质控制指的是,使用统计技术测量和提高质量和过程,通常分解成统计过程控制(SPC)和统计品质控制(SQC)。两个术语经常互换,SQC比SPC关注范围更广。比较来说,SPC是应用数学技术来控制一个过程以减少变量,这样其表现能维持在特定区间内; SQC是应用统计技术来控制质量,它包括接受抽样（从一组中检查一个抽样来决定是否接受这一组）和SPC。

▶ 什么是可靠性？

工业工程师应用的另一类统计技术叫做可靠性，一个总是得到相同结果并且希望满足或超过其规格的系统。使用可靠性函数来分析一个产品（或存活函数）：一个系统中一个单元的概率在某个特定间歇中不会失效。如果一个单元在一个系统中确实失效了，这意味着这个单元操作规定功能能力的终结。这是由实效分布函数或一个项在特定时间间歇中失效的概率所决定的。

▶ 什么是浴盆曲线？

工业工程师通常知道浴盆曲线，特别是涉及操作或失效单元。换句话说，如果在一段时间内，观察给定数量中足够单元的操作和失效，那么对一周一周的（或月复一月的，或年复一年的）失效率的估算就相对简单了。根据一段时间的统计数字失效率结果画出曲线图。因为这个失效率曲线的形状很像老式浴盆的

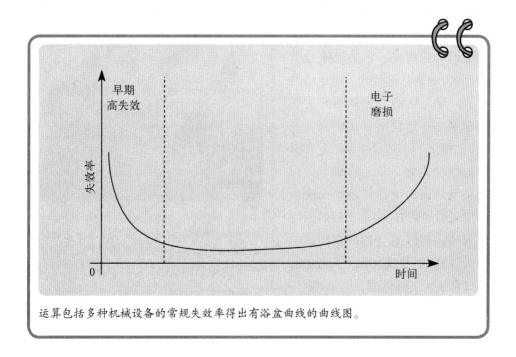

运算包括多种机械设备的常规失效率得出有浴盆曲线的曲线图。

纵向部分,所以称为"浴盆曲线"。这种分析类型常用于工业设计。例如,可以用它来描述预想的一段时间内特定电子设备的失效率:起初很高;接着,对于大多数系统寿命来说降到0失效;最后,再次升高到达"浴盆"另一端,即电子设备"疲劳"。

什么是航天工程师?

航天工程师所做的是把物体(从飞机和航天飞机到深空飞船)送上天或更高。使用各式各样的数学模型和技术,他们安装、建造、维护并测试用于发射、诊断或追踪飞机和宇宙飞船的系统。他们可以校准测试设备并确定设备的故障原因。航天工程师常常使用计算机和通信设备来记录数据并解释测试数据。

什么是轨道力学?

轨道力学又称飞行力学,是对运动中的人造卫星和宇宙飞船在如引力、大气阻力、推力等力的影响下运动的研究。它是天体力学的派生,或是对行星或天体运动的研究。建立轨道力学基础的主要科学家之一是数学家艾萨克·牛顿,他提出了运动定律并把万有引力定律公式化。今天的航天工程师应用轨道力学计算诸如火箭和宇宙飞船的轨道、宇宙飞船的返回和着陆、对接(如去国际空间站的航天飞机)以及载人和无人飞船的月球和星际飞行轨道。

如果不具备与轨道力学相关的数学知识,国际空间站将会坠回地球,而不是在静止的轨道上绕着地球运转。斯通/盖蒂图片社(Stone/Getty Images)

▶ 工程师们如何测定火箭的脱离速度？

由于地球引力，扔到空中的球先上升然后返回。如果给这个球足够大的初始速度，它会升得更高然后返回。给以更大的速度，球达到一定的脱离速度，球就"脱离"了星球的重力影响力。如果这个球以一个大于脱离速度的初始速度发射，它将会上升而不返回。在这种情况下，物理学家断定，球得到足够的动能来克服所有的负重力势能或者升入太空。因此，如果 m 表示质量，M 表示地球质量，G 表示万有引力常数，v 表示速度，而 R 表示地球的伸距，那么势能等于 $\dfrac{GMm}{R}$，发射这个球的动能等于 $\dfrac{mv^2}{2}$，意思是脱离速度即 $\sqrt{\dfrac{2GM}{R}}$。它与球的质量无关。想看航天工程师如何完成这个作品，只需把单词"球"换成"宇宙飞船"。

四

计算中的数学

早期的计数和运算工具

▶ 为什么计数器得到了发展?

早期计数器的发展是为了一个合理的理由: 使人们能计数项目来进行贸易或记录家畜的数量。他们也用简单的计数器来记录季节(大多是为了农业——换句话说,为了知道种植什么),为了宗教原因,例如标记特定的节日。

▶ 早期的计算器是什么?

最早的计算器是人的手,把手指当成数字。但是,这个计算器有很多局限,特别是每只手只有5根手指。为了计算更大的数目,一些文明甚至给身体其他部位更大的数值。这样的计数方法变得很繁重,因此,商人和其他需要记录分类项目的人开始借助自然,使用木棍、石头和骨头来计数。

最终,叫"计数板"的工具被发明出来了。起初,"计数板"很简单,通常嵌有用手指画的线或是用沙子和泥土做的描画针。毕竟,在户外市场的商人需要清点货物,并计算商品价格以便出售,而身边总是有足够的沙子和泥土的。

轻便的木板、石板、金属板很快变得流行,上面用刻出的(或画出的)槽或线段来表示单位。这些计数板很快变得复杂,在槽

现存的最古老的计算板是什么?

　　直至今日,现存最古老的计算板是"萨拉米斯算板"(Salamis Tablet)。这个于1846年发现于萨拉米斯岛(Salamis lsland)的板子曾一度被当作是游戏板。但历史学家证明了白色大理石板实际上是用来计数的。这个板子有149厘米长,76.2厘米宽,4.5厘米厚,在公元前约300年被巴比伦人使用。它含有5组标线,一组5条平行线被一条垂直线等距分开;下面一组11条平行线,都被一条垂直线分开。

　　这并不是当时唯一的计算板。在沙拉密斯算板出现以后,罗马人在约公元前300—公元500年发明了计算珠(Calculi)和手算盘。这些计数板是由石头和金属做成的。有一种罗马算盘在一排有8个长的和8个短的槽。珠子可以滑到槽中,表示计数单位。标有 I 的较长的槽用来表示个位,X 表示十位,以此类推直到百万;较短的槽用来表示5的倍数(5个1或5个10等)。在算盘右边也有短的槽,可能是用来表示罗马盎司和特定重量单位的。

或线段之间有珠子、卵石或是金属圆片移动,使得可以计更大的数量。过了更长的时间,它们发展成所谓的算盘,一个有框架的工具,框架中支着能自由移动珠子的小木棍。

什么是算盘?

　　算盘(abacus)是最早的计数工具之一。这个术语来自拉丁语,其希腊语词根是"abax"或"abakon",意思是"板"或"桌"。这些词也可能出自闪语族单词"abq"或"沙"。这些工具(起初是用木头做的而现在通常用塑料制成)通过用手滑动小木棒或电线上的计数器(通常是珠子或圆片)来进行其算术功能。

　　与盛行的观点不同,算盘在如今的理解中并非计算器,它们仅仅是计数的辅助工具。运算在使用者的头脑中,算盘帮这个人记录和、差以及进位和借数。

⊙ 几个世纪以来有不同类型的算盘吗?

几个世纪以来,确实有许多不同类型的算盘,包括上面提到的罗马算盘。大约1300年,在中国最早使用的计数器叫做算盘。历史学家们在它是否是中国的发明上意见不统一;有些人说它是由日本经韩国传到中国的。商人使用这种算盘进行标准的加减运算,也能用它来算出数字的平方和立方根。

日本算盘和中国的算盘很相似,但是,在梁上和梁下的每根小棒上都少一个珠子。俄罗斯人也有自己的算盘,在每根线上有十个珠子,并且是单层的。线的分离是通过每条线放更少的珠子来创造的。

⊙ 现代算盘如何使用?

如今的标准算盘通常是由木头或塑料制作的,在大小上有所区别。大多数是小笔记本电脑的尺寸。这个工具的框上有一堆垂直的小木棒或线,上面的木

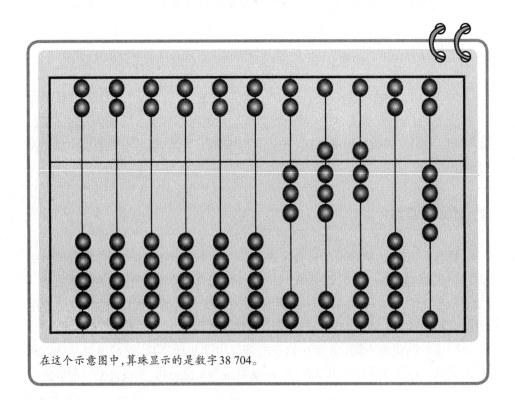

在这个示意图中,算珠显示的是数字38 704。

1996年，瑞士苏黎世的科学家们用替代算珠的直径不到1毫微米（即十亿分之一米）的单个分子制成了一个算盘。这个世界上最小算盘的算珠不是用手指，而是用扫描隧道显微镜（STM）中的极细微的圆锥形的针来拨动的。科学家们成功地在铜的表面上沿着只有一个原子高的挡将十个分子稳定地排成排。这些挡就像最早的算盘形式（用沟槽而不是杆将算珠穿成一条直线）一样发挥作用。然后，人们用STM针尖控制着前前后后推拨各个分子，使科学家们能够操纵这个算盘，并且从0"数"到10。

珠子可以自如滑动。一个水平木棒将框分成两部分，叫做梁下和梁上。

例如，在中国的算盘上，梁下和梁上都有13个挡；梁下每挡有5个珠子，而梁上有2个珠子。在梁上的每个珠子的值为5，而梁下的每个珠子的值为1（因此，它被叫做1/5算盘）。使用这种算盘，使用者将它平放在桌子或腿上。然后，把梁上下的珠子都推离横梁。在这里，珠子由一只手的食指和拇指操作来计算一个问题。例如，若你想表示数字7，你可以在梁下移动2个珠子，梁上1个：（1+1）+5=7。

这个现代算盘仍然被亚洲和许多北美洲"中国城"的店员使用。在亚洲的学校里，学生们仍然学习珠算，特别是教孩子们简单的数学和乘法。事实上，这是记忆乘法表的好方法，对教授其他基础的计数系统也很有用，因为它能适应任何基数。

什么是奇普？

奇普（khipus，或称quipu）被南美的印加人使用。奇普是一团记录特定信息的打结的绳子。大约600条保留下来的奇普使用打结的细绳绑在水平的绳子

南美洲的古印加人用叫做奇普的打结的绳子来进行数学运算。图片库/盖蒂图片社（The Image Bank/Getty Images）

上。但是，这些结不像其他文化中那些四圈的长结、单结、八字结和一整套其他的打结方法。历史学家相信，这些细线和结象征了曾经用于会计、库存和人口统计目的的数字。

也有研究人员认为，奇普可能将某些信息放在一些代码中（一种印加人使用的语言），比如基于细绳、结以及一个奇普绳子的种类（通常为羊驼毛或棉花）和颜色。但结果可能是，历史学家永远也不会知道奇普背后的真实故事。当西班牙人征服了始于1532年的印加帝国时，他们摧毁了大部分绳子，认为这些绳子可能含有包含对印加历史和宗教说明的异教崇拜的内容。

▶ 什么是"纳皮尔算筹"？

一个叫做"纳皮尔算筹"的工具由苏格兰数学家约翰·纳皮尔（John Napier）发明。这些是记录在骨头棍（也叫棒，是动物的骨头）、象牙或木头上的乘法表。他把自己的思想发表在所著的一部名为《筹算》（*Rabdologia*）

的书中,这本书包含了对小棒辅助乘除和开平方根的描述。

每根骨头都是个位数的乘法表,数位在骨头的顶部。如下所见,这个数位的连续非零积刻在小棒上,每个积占单独的一个单元。例如,63乘以6,跟6和3对应的两根骨头或小棒将互相挨着放,如下图所示。

第一个数字将是在第六个位置(3)对角线的数字;然后,积(或结果)要斜着算出,或通过把两个斜对的数相加,即7;接着,是另一条斜线上的下一个数字,即8。换句话说,63×6 = 378。

起初,乘法表被商人用来加快运算速度。德国天文学和数学家威廉·斯奇卡最终于1623年首先建造了基于"纳皮尔算筹"的运算机。他的工具可以加、减,在辅助下乘和除。这就是为什么他常常被叫做"计算机时代之父"的原因。

苏格兰数学家约翰·纳皮尔设计了一个表示乘法的表格叫做"纳皮尔算筹"。美国国会图书馆(Library of Congress)

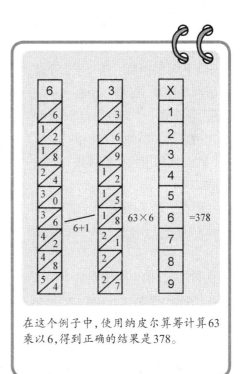

在这个例子中,使用纳皮尔算筹计算63乘以6,得到正确的结果是378。

机械和电子运算工具

▶ 谁制造了第一台已知的加法机?

没有人知道是谁制造了第一台加法机,尽管许多历史学家认为是德国数学家威廉·斯奇卡于1623年首先发明了基于纳皮尔算筹的机械计算器。斯奇卡和他的家人都死于黑死病。直到20世纪中期,他的笔记和信件才被发现。这些东西显示了机器的图解。斯奇卡似乎建造了两个原型,可惜一个在大火中摧毁了,而另一个即使得以幸存,也不知道下落。被他自己叫做"计算表"的工具利用齿轮能够进行六位数的加减。

但是,并非所有历史学家都承认斯奇卡。一些人认为列奥纳多·达·芬奇进行了更早的机械计算的尝试,他似乎也设计了加法机。他的一些笔记于1967年在西

一些人认为,文艺复兴时期的著名发明家和艺术家列奥纳多·达·芬奇(Leonardo Da Vinci)还发明了一种早期的机械计算机。美国国会图书馆(Library of Congress)

班牙国家图书馆被发现,其中描述了一款跟帕斯卡机器相似的机器。

▶ 莱布尼茨是如何改进运算工具的?

德国数学家、哲学家戈特弗里德·威廉·莱布尼茨(Gottfried Wilhelm Leibniz)不仅描述了二进制系统(所有当代计算机的一个核心概念),也合作发

明了微积分，并设计了一个具有四则运算功能的机器。截至1674年，他完成了他的设计，并让人开始建造如今人们所说的"莱布尼茨轮"（Leibniz Wheel），而他命名他的机器为阶式计算表。

这个工具使用一类由莱布尼茨设计的特殊齿轮（阶式鼓轮），它是带有9个与圆柱轴平行的条状齿的圆柱。当圆柱绕曲柄旋转，一个十齿的轮子就会根据它距离阶鼓的位置，从0～9的位置旋转。不同机制的运动将会被转换成乘法或除法。

尽管这种工具似乎有两个原型（都仍存在），莱布尼茨的设计和帕斯卡的设计，都是18世纪大多数机械计算器的基础。由于大多数这样的机器无法大规模生产（大众了解得更少），它们更多的是作为新奇的展示而非投入实际使用的机器。

▶ 约瑟夫·玛丽·杰奎德的发明如何使运算工具受益？

18世纪晚期，法国织工和发明家约瑟夫·玛丽·杰奎德（Joseph Marie Jacquard）发明了一台实用的自动织布机，可以织出各种款式的织品；它是由一

▸ 布莱兹·帕斯卡发明了什么使得他最终对数学失去了兴趣？

1642年，年仅18岁的法国数学家、哲学家布莱兹·帕斯卡发明了加法器，并于1643年把它建造出来。这个工具可能是最早的为了实用目的而制造的机械加法机。他在父亲（一名税收员）的帮助下制造了这台机器，父亲帮助他进行了枯燥的长串数字的加减运算工作。

但是，这个工具由于一系列的原因并不是非常有用，特别是因为它使用了基数10并且和法国的货币单位不搭配。而其他反对之声的原因存在于任何一个时代：这个工具造价昂贵而不可靠，同时也太难使用和制造。最终，帕斯卡失去了对科学和数学的兴趣，于1655年进入扬森修道会开始研究哲学，直到去世。

系列相连的穿孔卡片控制的。它本身就是纺织制造方面一个主要的进步,同时它也被证明是对计算工具的一个恩赐。借用莱布尼茨的思想,查尔斯·巴贝奇(Charles Babbage)和赫曼·豪勒里斯(Herman Hollerith)都在自己的计算机器上使用这样的卡片。豪勒里斯建立的公司最终变成国际商业机器公司(IBM),一家三十年来从机械穿孔卡处理中受益并发展壮大的公司。

 ## 什么是差分机?

由于它的自动排序功能,差分机被大多数数学历史学家当作是当代计算机的先驱。约翰·穆勒(Johann H. Müller)是海塞军队的一位工程师,他在1786年首创了这个概念。他的想法是,有一个特别的机器可以通过顺序相加固定多项式之间的差来衡量和打印数学表格。但是,他无法得到制造这种机器的经费。

穆勒的想法很快被遗忘了,直到1822年重新受到注意,查尔斯·巴贝奇获得了政府的经费来建造一个能编程的、蒸汽驱动的穆勒的工具的原型。由于技

▶ 计算机器何时开始大规模生产?

在布莱兹·帕斯卡的计算机器发明出来的1624年和1820年间,约有25个这种工具的制造商。但大部分都缺乏资金并且只有一个人参与,所以几乎没有哪个机器真正批量生产过。

1820年第一台商业上获得成功并大量生产的计算机器是"代数机"。它是法国人查尔斯·卡维尔·托马斯·德寇玛(Charles Xavier Thomas de Colmar)服役期间发明的,基于莱布尼茨的"阶鼓"机制。寇玛的机器使用一个简单的计数齿轮系统和一个自动运输系统(当一栏的数目大于9时,自动把一个1换到左边挡)。当时的技术也帮助寇玛迅速成功。因为它用弹簧和其他的装置来抵消移动零件的冲力,与经常发生在老计算机器身上的情况不同,代数机可以在一个特定的、预期的点停下来。

术的局限、经费的削减以及巴贝奇对自己设计的一个更先进工具的兴趣,穆勒的差分机仅仅完成了一部分。最终,瑞典发明家格奥尔格·薛茨(Georg Scheutz)和他的儿子埃德瓦德(Edvard Scheutz)在1853年建造了差分机——第一台具有打印功能的计算器。

▶ 查尔斯·巴贝奇的贡献是什么?

英国发明家、数学家查尔斯·巴贝奇(Charles Babbage)被一些历史学家认为是"计算之父",是当代计算机真正的先驱。

巴贝奇的计算机器的首次尝试之一是差分机,这个机器基于约翰·穆勒的设计和托马斯·德·寇玛的代数机的一些特征。巴贝奇想法是严谨的,但最终却因缺乏政府经费而无法操作。不仅如此,巴贝奇的抱负可能导致了差分机原型的止步。起初,他开始计划20位多进小数和第六阶差分。这个更大型的机器对那个时代来说是个不可想象的概念。

然而,对差分机的放弃并没有使巴贝奇止步。他再次接触政府要求经费,并承诺建造一台被他称为"分析机"的机器,一台能进行任何数学运算的改进的机器,有效地完成主要目的,可编程的计算机使用穿孔卡片进行输入。这种新设备可以使用蒸汽动力,它的齿轮可以像算盘上的算珠一样工作,其主要任务是计算和打印数学表格。八年时间里,巴贝奇不断尝试从政府得到更多经费,未果。

尽管巴贝奇在有生之年没有完成分析机,他的儿子亨利·普罗福斯特·巴贝奇(Henry Provost Babbage)却根据父亲的图纸建造了这台机器的"加工厂"部分,并于1888年计算了π的倍数来证明设计的可用性。被认为当作是"当代"计算机部件的首次成功的测试。

▶ 什么是特朗赛计算器?

法国的路易·特朗赛(Louis Troncet)在1889年发明了这个被称为"arithmographe"的算术计算器,主要用于加法和减法的计算。实际上,他的作品是基于克劳德·贝劳(Claude Perrault)首创的早期设计。

一个扁平的、机械的、掌上的特朗赛计算器有三个组成部分:用于计算的部分、触针和重新设置机器的手柄。通过把触针针尖插入金属板的槽口,可以通过上下滑动标有数字的金属条来加数。没有齿轮或是内部链接的零件。为了在两位数字之和大于10时能"进1"，触针要移动到机器的顶部或四周。

▶ 什么是计算尺?

计算尺是有对数刻度可以让使用者进行数学运算的像尺一样的工具。它采用最普通的计算尺，使用3个连锁的有标准刻度的条，很方便使用；中间的条和另两条相比可前后移动。运算通过将中间条刻度对准固定条上刻度来进行，然后读条上的刻度。也有能"看穿"的滑动图标带有与刻度垂直的细线，使使用者可以在所有刻度上排列数字。

英国数学家查尔斯·巴贝奇以其著名的差分机而为人所知，但其却不得不放弃机械计算机的精细计划，因为这个设备的花销实在是太大了。美国国会图书馆（Library of Congress）

使数学传统主义者悲哀的是，计算尺最终在20世纪70年代中期被袖珍计算器所取代。计算尺有两个主要缺陷，特别是在数学、工程学和科学运算上，因为用这个工具做加法并不简单，而且只能精确到3位数。

▶ 计算尺是如何演变的?

1620年，英国天文学家埃德蒙·冈特（Edmund Gunter）负责研制能做乘法的比例尺。他根据纳皮尔的对数法则划分刻度，乘法可以通过在刻度上运算和加长度来进行（它也常被当作第一个模拟计算机）。

但是，对于谁是计算尺的真正发明者存在着分歧。许多历史学家认为，英国的牧师威廉·奥特德（William Oughtred），改进了冈特的想法。奥特德把冈特的刻度直接对着对方并演示了人们可通过简单地来回滑动它们来运算。

计算机器的首批"程序员"之一是爱达·拜伦（Ada Byron），她是著名英国诗人、拜伦勋爵（Lord Byron）的女儿。发明家及数学家查尔斯·巴贝奇在约1833年遇到爱达·拜伦时，他还致力于他的差分机。据说，巴贝奇的兴趣更多是在他的数学天赋上，而非他的机器上。

除了倾慕，爱达·拜伦也把巴贝奇的名字放到计算地图上，记下了关于巴贝奇著作的大部分信息。例如，爱达·拜伦把1842年版本的巴贝奇分析机（由法国出生的意大利工程师数学家路易吉·费德里科·梅纳布雷亚制造）从法语翻译成英语。巴贝奇被打动了，以至于建议爱达·拜伦加入自己的笔记和对这台机器的理解。在巴贝奇的鼓励下，爱达·拜伦加入了冗长的笔记，描述如何给分析机编程，并写下了许多人认为的第一个计算机程序。爱达·拜伦的论述于1843年发表。计算机语言中的术语"循环语句"（程序的一个部分，她称为"蛇咬自己尾巴"）和最终帮忙简化汇编命令的"助忆"技术，都是爱达·拜伦的功劳。

爱达·拜伦的生活每况愈下，因为家庭陷入困境、赌博债务和缺少继续进行的科学项目。巴贝奇也爱莫能助，他有自己的困难，包括他为分析机获得政府经费的不断努力。1852年，年仅37岁的爱达·拜伦死于癌症，但她没有被人们忘记。1980年当ADA程序语言以爱达·拜伦的名字命名时，她被人们怀念和敬仰。

计算尺没有迅速受到科学家、数学家或是大众的青睐。直到1850年，法国人阿梅蒂·曼海姆（Victor Mayer Amédée Mannheim）将计算尺的现代版本标准化，增加了双侧可移动的指针，使得计算尺有了我们熟悉的样子。计算尺在几十年中都作为科学和数学的主要计算器，形状从直尺到圆尺都有。

美国人口统计最早在什么时候使用机械计算器？

当美国官员估计，1890年人口统计需要处理多于6 200万美国人的数据时，出现了小小的恐慌。毕竟，现存系统又慢又贵，在纸卷的小方格中使用运算标记，然后，用手工计算把它们加到一起。一个估算确认了完成这样一次努力需要大概十年，而只来得及在1900年的统计中重新开始这个过程。绝望中，人们只好举行一场竞赛，让参赛者发明一个能轻松计算1890年美国人口统计的工具。

在19世纪80年代，美国发明家赫尔曼·豪勒里斯（Herman Hollerith），给出了他赢得比赛的想法。他用杰奎德的穿孔卡片来显示人口数据，并用自动机器来读出并校对信息。有了他的自动制表机（一台自动的电子制表设备），豪勒里斯就可以把每个人的数据放在一张卡片上。有了大量的准确的计数器，他就能累计结果。从这里，他就可以使用开关，而操作人员可以指令机器检验基于某个特征的，如婚姻状况、子女数目、职业等等的每张卡片。它成为第一台能阅读、加工和储存信息的机器。

这台机器的用途远不止于此。最终，豪勒里斯的设备在统计应用的广泛领域中变得有用。在自动制表机中使用的某些技术同样意义重大，对数字计算机的最后发展起到了帮助作用。豪勒里斯的公司也因此声誉大振，并在1924年成为国际商业机器公司或今天的IBM。

什么是百万富翁计算器？

百万富翁计算器1892年由奥托·施泰格（Otto Steiger）发明，解决了与其他工具做乘法有关的问题。更早期的机器要求转几次计算手柄来做乘法，而百万富翁计算器只转动一次手柄来乘以一个单数位的数字。它的机制是一系列长度不同的黄铜棒；这些小棒执行基于纳皮尔算筹相同概念的功能。1899—1935年间制造了大约4 700台，是当时的畅销品。

◉ 最早的电动计算工具是什么?

许多历史学家认为,最早的电动计算机器是 "Autarigh",一个由捷克斯洛伐克发明家亚历山大·莱希尼采(Alexander Rechnitzer)于1902年设计的设备。接下来,在1907年,萨缪·赫茨史塔克(Samuel Jacob Herzstark)在维也纳制造了基于托马斯计算器的电动计算工具。1920年,一位多产的西班牙发明家莱昂纳多·托雷斯·库维多(Leonardo Torres Quevedo)在巴黎运算机器展览上展出了连接打字机的电子机械机器。库维多的发明进行了加、减、乘、除运算,然后,使用打字机作为输入和输出设备。有趣的是,尽管这台机器在展览会上轰动一时,但它从未进行过商业制造。

◉ 什么是电子计算器?

如今,大多数人熟悉电子计算器:小巧、电池供电的数字电子设备,可进行简单的代数运算并且能处理数字数据。数据使用计算器表面上的小键盘进行输

▸ 计算器和算盘之间有过竞赛吗?

是的,在某个使用计算器的人和另一个使用算盘的人之间曾有过竞赛。虽然算盘常常被当作进行简单运算的"粗笨"的工具,但在专家手中它可以同计算器一样快。

1946年11月12日的日本东京,这个比赛在日本的算盘和电子计算器之间进行。活动由美国军队报《星条旗》赞助。操作计算器的美国人是第二十财政支出部被认为是计算器操作专家的二等兵托马斯·内森·伍德(Thomas Nathan Wood,他来自麦克阿瑟将军的总指挥部)。日本选出松崎澈(Kiyoshi Matsuzaki),他是一个打算盘高手,来自邮政局部门的储蓄大厅。最终,有2 000年历史的算盘在加、减、除和一个四则混合运算问题中打败了计算器。而计算器只在乘法中胜出。

入；输出（或结果）一般都是在LCD（液晶显示器）或其他显示器上的单个数值。从电子的电动机械计算器到电子计算器经过了很长时间。1961年，英国桑洛克计算器公司（Sumlock Comptometer Ltd）出品了ANITA计算器。

现代计算机与数学

▶ 在当今世界现代计算机的定义是什么？

笼统而简单地说，计算机是能自动进行一系列数学运算或逻辑操作的机器。计算机专家常常把计算机分成两类：模拟计算机进行持续的变化数据的操作，数字计算机进行离散数据的操作。

如今的大多数计算机都可以比任何人类快得多地轻松处理信息。电脑的回应（输出）取决于使用者的数据（输入），通常由一个计算机程序控制。计算机也能进行大量复杂的操作，并能在无人干预的情况下进行处理、存储和检索。

"计算机"一词有大量的交叉含义。在更古老的意义上，计算机叫做电子计算机或计算机器或设备；更普遍的表达包括数据处理器或信息处理系统。但是应该记住，计算机和运算机器之间有明显的区别：计算机能够存储计算机程序，使得计算机可以进行重复操作并做出逻辑决策。

▶ 起初发明计算机是用来解决什么问题的？

起初，发明计算机是为了解决数字问题。现在，几乎没有哪位数学家、科学家、计算机科学家和工程师可以想象一个没有计算机的世界。技术的进步也带来了准确率、能解决的问题数量以及解决那些问题速度的提高——这与早前的计算机有了很大的不同。

▶ 现代计算机使用哪种计数系统？

当代计算机使用二进制，一个使用0和1的序列来表示信息的系统。它是基于2的乘方的系统,而非基于10的乘方的十进制系统。这是因为在二进制系统中,每次达到另一个2的乘方就要加入另一个数位,例如2、4、8等;在十进制系统中,每次达到10的乘方才加入另一个数位,例如10、100、1 000等。

　　计算机使用这种简单的数字系统主要是因为二进制信息容易存储。一台计算机的CPU(中央处理器)和存储卡是由上百万个或开或关的"开关"(符号0和1分别表示这些开关)并应用于运算和程序中。在计算机中两个数字容易进行数学运算。当一个人输入一个十进制形式的运算,计算机就把它转换成二进制的,求解。然后再把它的解转换回十进制的形式。这个转换在下表中显而易见:

十 进 制	二 进 制	十 进 制	二 进 制
0	0	10	1 010
1	1	11	1 011
2	10	12	1 100
3	11	13	1 101
4	100	14	1 110
5	101	15	1 111
6	110	16	10 000
7	111	17	10 001
8	1 000	18	10 010
9	1 001	19	10 011

▶ **什么是图灵机?**

　　1937年,在剑桥大学工作的英国数学家阿兰·图灵(Alan Turing)设想一台能进行数学运算和解方程的通用计算机。这台计算机可以结合使用符号逻辑、数字分析、电子工程和人类思维处理的机械形式。

　　他的想法作为图灵机为世人所知,这台简单的计算机可以一次进行决定性的一小步。它常常被认为是当代电子数字计算机的先驱,并且其原理已经被人工智能、语言结构和图像识别的研究所应用。

▶ 谁建造了第一台机械二进制计算机？

德国的土木工程师康拉德·楚泽（Konrad Zuse），于1938年前后，在其父母的起居室中，建造了被认为是第一台机械二进制的计算机"Z1"。他的目标是制造一台能进行冗长枯燥运算的机器，满足设计建筑结构的需要。他的计算机设计在存储器中装有中间结果，并进行他在穿孔纸袋（最初他用老的电影胶片）上编程的代数运算序列。这台机器导致了1941年"Z3"计算机的发明。"Z3"计算机是第一个大型、功能齐全的自动数字计算机，使用的是二进制系统。

▶ 现代计算机发展中有哪些亮点？

第一台通用模拟计算机在1930年由美国科学家范内瓦·布什（Vannevar Bush）设计，他设计了一个叫做"微分分析机"的机械操作设备。第一台半电子数字计算设备是由数学和物理学家约翰·文森特·阿塔纳索夫（John Vincent Atanassoff）和他的一个研究生克利福德·百利（Clifford E. Berry）在1937—1943年间建造，主要是为了解决联立线性方程的庞大系统问题。曾经被誉为第一台计算机的阿塔纳索夫计算机，在电子数字积分器和计算机面前相形见绌。然而，在1973年，一位联邦法官发现了阿塔纳索夫的著作并判定斯佩里·兰德

▶ 为什么阿兰·图灵对计算机的发展如此重要？

第二次世界大战期间，住在自己祖国英格兰的阿兰·图灵在破译德国用密码机加密的信息方面起到了作用。战争结束不久，图灵首先为英国政府服务（1945—1948年），后来，为曼彻斯特大学设计了计算机（1948—1954年）。图灵也写了几本关于人工智能的书，当时人工智能的研究还在襁褓期。他发展了图灵测试理论，这个理论测试计算机是否能够像人类一样思维。可悲的是，常被人们当作计算机科学创立者的图灵却在1954年自杀身亡了。

（Sperry Rand）在ENIACA上的专利失效，他说它是从阿塔纳索夫的发明演变而来的。今天，阿塔纳索夫和百利得到了应有的声誉。

马克一号（Harvard Mark Ⅰ），又称自动序列控制计算器，由美国计算机科学家霍华德·艾肯（Howard H. Aiken）和他的团队在1939—1944年期间建造。它被认为是第一个大型自动电子计算机。但是，对于这种说法也有很多异议，一些历史学家认为，德国工程师康拉德·楚泽的"Z3"计算机才是第一台这样的机器。

其他的早期计算机有ENIAC1和UNIVAC。ENIAC1（电子数字积分器和计算器）于1946年在宾夕法尼亚大学完成，它用到了数以

范内瓦·布什是美国的一位科学家，他发明了微分分析机，这是第一台多用途的模拟计算机。美国国会图书馆（Library of Congress）

千计的吸尘器。直到1973年，它一直被认为是第一台半电子数字计算机。这个荣誉因此给了阿塔纳索夫和百利。UNIVAC（通用自动计算机）建于1951年，是第一台数字和字母数据都可以处理的计算机。它也是第一台可用于商业的计算机。

第三代集成电路的机器主要用于20世纪60年代中期至70年代，使计算机更小、更快（接近每秒100万个操作指令），并且非常可靠。第一个商用微处理器是1971年上市的英特尔4004。它不仅能加减，并且可以为第一批便携式电子计算器中的一个提供动力。微处理器发展的真正推动力出现于20世纪70年代晚期和90年代，使得更小、更强大的计算机不断出现。例如，在1974年，英特尔8080处理器拥有2兆赫的时钟速度。到了2004年，奔腾4处理器的时钟速度达到3.6兆赫。使用微处理器的计算机包括：个人电脑和个人数字助手（PDA）。计算机工业持续其迅速的发展，主要归功于进步的微处理器的表现。

▶ 什么是微处理器？

微处理器是含有CPU或中央处理单元的硅片，它通常位于计算机主电路板上（在个人电脑世界里，术语微处理器和CPU常常互换）。这些芯片或组合电路，是小而薄的硅片，在硅片上面组成微处理器的晶体管被蚀刻了。微处理器是所有普通电脑，从台式机到笔记本电脑再到大型服务器的心脏，它们的用途很广。例如，它们控制几乎所有熟悉的数字设备的逻辑——从微波炉、时钟收音机到车辆的加油系统。

▶ 小型计算机和微型计算机有什么区别？

小型计算机这个词现在已很少使用。它被认为主要用于1963—1987年间的那种计算机，尤其指"小型"主机的电脑，曾经很受小公司的欢迎。它们跟大型机相比不够强大，硬件和软件也受限制；它们是用低合成逻辑组合电路来组装的。最终，它们被建有微处理器的微机（即有微处理器的完整电脑）所取代。

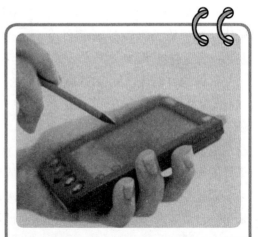

由于微处理器的发展，个人数字助理（PDA）只是众多方便小巧、易于携带的计算机设备之一。泰科西/盖蒂图片社（Taxi/Getty Images）

微机在计算领域是一个后起之秀。这种通用目的的电脑是为了个人单次操作而设计的。这种单芯片的微机在许多方面都是计算机技术发展的一个里程碑，直接导致了个人电脑的商业化。这是因为电脑变得越来越小，越来越便宜，而且设计使得零件更容易更换。

▶ 当今使用的计算机有哪些主要零件和类型？

计算机的基本零件是中央处理器（CPU）、存储器、键盘和其他可选择的输入设备如扫描仪,输出设备如显示器、打印机和耳麦话筒。在不同类型计算机中,最大的区别是存储器的大小和机器的速度。

　　计算机虽然有很大的区别,但都含有以下几种基本类型,它们大部分基于尺寸和同时使用机器的人的数量。大型机被认为是最大最有力的多功能计算机系统,通常用它来满足大型机构、公司或组织的需要,因为它同时使用数以百计的电脑终端。超级计算机是设计出来以最快速度进行复杂运算的复杂机器,因为它们的速度和它们能处理大量的数据,常被用来模拟带有很多变量的巨型动态系统,如天气类型和地下水流量。

　　微机通常分成个人电脑(或台式电脑)和工作站。通常,微机在局域网上被连到一起(LAN)或加入平行处理系统中的微处理器。这使得较小的计算机可以串联工作,通常给予它们可与大型机相比的强度和计算能力。

▶ 什么是计算机科学?

　　计算机科学当然是研究计算机的科学。它是对计算和信息处理(包括硬件、软件和数学)的研究。更详细地说,它是对计算系统和进行计算机功能背后的运算系统的研究。计算机科学家需要知道计算系统和方法以及如何设计计算机程序,包括代数、编程语言和其他工具的使用以及软件和硬件如何共同工作。他们也需要了解输入和输出的分析和验证。

▶ 什么是计算机代码和程序?

　　数学是计算机的一个重要部分,因为数学是用来编写计算机代码和程序的。代码是一个计算机程序中数据的符号安排(或指令),这个术语常常和"软件"互换。代码(也叫源代码或源)是使使用者明白的写在某个程序语言中的一系列表述。一个软件程序中的源代码通常包含在几个文本文件中。

　　程序是电脑可以解释和执行的指令(或计算)的序列。换句话说,大部分程序由可受载的指令集组成,它将决定程序运行时计算机对使用者输入的反应。代码和程序间的联系,学计算机科学的学生和工作中的专业人士常常听到——甚至是在动作片和电视节目中,如:"我要给程序多加几行代码!"

图中所示的大型机能够占满一家公司的办公室，但是，无资金或者空间购置大型机的小公司则曾经使用被称为"小型机"的较小的大型机。20世纪80年代末，微机以其功能强大而取代了小型机。斯通/盖蒂图片社（Stone/Getty Images）

应　　用

▶ **如何用计算机分解大合数？**

　　计算机常用于分解大合数，它不仅仅是数字理论家用来娱乐的。事实上，分解这样的数有助于测试世界上最强大的计算机系统、促进新运算法则的设计以及需要在他们的电脑上保护敏感信息的人们使用加密技术。例如，1978年，几个计算机专家提出了使用来自两个大质数积的质数的重组作为一项加密技术。这个为敏感数据加密的方法很快盛行起来，特别是用于军事和银行业。大众也从这个方案中受益，因为它最终使像公钥加密这样的加密法被用于银行和互联网上的个人网页。

▶ 计算机被用来解决数学证明吗？

是的，曾经有许多数学证明是在计算机的帮助下解决的。其中一个例子就是四色定理，它表述的是可以仅用四种颜色来绘制一张地理图而相邻的区域不会有重复的颜色。换一种方法看这个问题：需要给平面图上颜色，而任何两个相邻区域不使用相同颜色所需的最小数量的颜色是多少？这个问题首先在1852年被提出来，当时，法兰西斯·古特里（Francis Guthrie）仅使用四种颜色来给英国各郡的地图上色。这个仅有四种颜色的说法带上了数学倾向，并以原理被证明而告终。直到1976

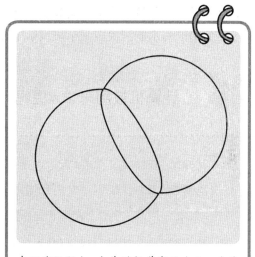

在双泡问题上，古希腊数学家致力于一个能论证两个连接的泡泡可以创造空间的高效使用的证明。

年，在现代计算机的帮助下，四色猜想才最终被证明是正确的。因此，任何不用计算机能证明这个定理的人都可以赢得菲尔兹奖章，这相当于数学领域的诺贝尔奖。

另一个使用计算机解决的问题是双泡。双泡指的是一对相交的泡泡，它们也被两个泡泡交界处的薄膜所分隔。这很像小孩用水和肥皂混合物吹泡泡时两个泡泡粘在一起。从古希腊时起，数学家就致力于找到一个圆泡的高效性的数学证明。当考虑到两个聚并的泡泡或两个分开的量，这个问题变得更加严峻。这个问题在1995年由数学家乔尔·哈斯（Joel Hass）、迈克尔·哈钦斯（Michael Hutchings）和罗杰·施拉弗利（Roger Schlafly）解决。他们使用计算机计算泡泡的表面积，并发现了当两个泡泡聚并的部分体积相等时两个泡泡的面积比其中任何一个都小。但这不是最后的结论——科学家目前正致力于三个泡泡的研究。

▶ 算法和计算机是如何联系的？

算法本质上是计算机处理信息的方法。计算机程序实际上是告诉计算机以什么顺序进行哪些特定步骤的运算法则，因此一个专门的任务被执行，包含了计算一个公司的薪水册到决定某个班级学生成绩的任何问题。

▶ 计算机被用来求π值吗？

是的，计算机被用来求π值。但是，计算机还没有在长长的数字计算过程中找到"最后的"数字。它们可能永远找不到，因为π被认为是无限的。但是，如果只是为了测试，常常用这个任务来测试更大更快的计算机。

直到今天，已经找到超过60亿位的π值。

▶ 什么是加密术？

由于计算机在网络上的广泛联系，越来越有必要找到保护数据和信息不被伪造或阅读的方法，以保护如人们通过网络购物时的个人信息、银行数据安全等等。一项用来确保文件和通讯隐私的主要技术叫加密。

加密是一门数学科学，用来保证使用者对某个网站的数据的机密性。通过替换成变形的格式来保证数据安全，过后再转换过来显示原始数据，但只有某个拥有正确加密规则和钥匙的人才能看。这就是为什么当通过网络购物时，看得到屏幕底部的"锁"的图标很重要。这是你确定加密在工作而数据安全的方法，因此阻止了数据被非法使用。

▶ 计算机对统计学领域有影响吗？

计算机在统计领域有明显的作用。特别是个人电脑、电子表格、专业统计包和其他信息技术，现在已经成为统计数据分析不可分割的部分。这些工具使得统计学家能够比以往更快、更低成本地对大量数字进行真实的统计数据分析。

统计软件系统常常用于确定范例，了解统计学中已有概念，并找到统计数据的新趋势。大多数软件包使数据进入电脑程序，但是，接着重点转移到统计人员解释数据的能力上。

有两种著名的程序常用于统计中：SAS 和 SPSS。此二者都是商业统计软件包。SAS 系统是个人电脑上可以使用的统计、图表和数据管理软件包。它使得台式机使用者能够得到曾经只有大型机电脑使用者才有的结果质量。SPSS（社会科学统计软件包）也是进行统计分析的流行软件包。它使使用者可以归纳数据，确定各组之间是否有显著的区别，检验所有变量之间的关系，甚至是将结果画成图表。

▶ 目前，什么计算机有每秒最快的操作速度？

2004 年世界五百强的名单上有一个超级计算机的速度排名，结果在每年初夏公布前三位的超级计算机如下（兆次是计算机表现的测量单位，一兆次等于每秒 10^{12} 兆次的操作）：

- IBM 的蓝色基因/L——70.72 兆次
- NASA 的哥伦比亚——51.87 兆次
- NEC 的地球模仿者——35.86 兆次

▶ 通过搜索引擎如何在互联网上使用数学？

搜索引擎是一个通过使用关键词在互联网上查找文件的程序。输入关键词后会出现那些关键词被找到的结果清单。像 Google、Alta Vista 和 Excite 这样的搜索引擎都是使用专有检索方法的一大类程序，它们依靠概率、线性代数和图论来生成一个清单，最理想的情况是为使用者生成最相关的网站结果。

下次的竞争者之一是美国桑迪亚国家实验室的红色风暴（Red Storm），处理速度为41.5兆次。这个名单随着先进技术的普及每年会继续变化。

现实中，世界上最快的计算机是人脑，它是地球上拥有最好处理器的令人吃惊的处理设备。相比之下，最快的计算机可以测量每秒3兆的速度，而科学家推断人脑能处理每秒1万兆的操作。实际的数量可能比那还高。

五 数学在人文科学中的应用

数学与美术

▷ 什么是人文科学？

人文科学就是研究美术（油画、绘图等）、文学、哲学及文化科学等学科的统称。该领域专注这样一个想法：通过对以上学科的学习能够扩展人们的思维，拓展技能，提高成绩。人文科学看起来同数学毫不相关，但事实上它们之间却有许多关联。

▷ 数学曾被应用于美术？

几个世纪以来，数学的确一直有意或无意地被应用于艺术当中。美术就是人们用来反映对现实世界理解的一种方法。并且艺术和数学都是使用一些具体或抽象的元素来解释现实，所以，我们很容易看到它们之间的联系。

例如美术作品（尤其是油画）中，同数学之间有许多显而易见的关联。观察一幅油画的时候，人们总会用几何学的线条、点和圆圈来分析它的轮廓。透视法在现实主义油画上的应用能够让欣赏者在二维平面上看到真实的意境，体现了其数学性。

数学家工作应用定量和计数，但是，他们中大多数人会告诉你，数学远不止技术练兵和数字表演。在发现数学间的细微差别方面,创造性发挥了作用,运用这种创造性思维,数学家会知道集中精力在什么上才能解决某个复杂难题。正如一个画面一样,要求要有创造、发明和发现数学概念的想法,如法国画家莫奈(Claude Monet)和其他画家们代表了印象主义画派。

▶ 早期的画家是怎样把数学和油画结合在一起的?

早期的画家遇到一个问题:怎样在二维的画面上来体现三维的世界——怎样让画布体现深度和透视。虽然透视法要遵循数学准则,根据直观,许多早期画家有能力表现画面透视。

透视法原理在古希腊时期广泛应用,古希腊人应用透视法设计建筑结构,甚至用于戏院的舞台设置。但是,我们还不是很清楚他们是否真正懂得透视法和数学之间的关系。意大利油画家、雕塑家和建筑家乔托·迪·邦多纳(Giotto di Bondone)是最早应用一定法则创建深度印象派的创始人之一。但是,这些法则可能并不是以数学为根据,而是由他自己设计出来的。无论如何,他已经找到了一种方法来体现空间深度,并且也已经掌握了直线透视法。

但是,直到文艺复兴时期,油画家们才发现隐藏在透视法之后的科学。14世纪早期,雕塑家菲利波·布鲁内莱斯基(Filippo Brunelleschi)最先应用镜子正确体现了直线透视法。他知道在油画平面(或者画布)上,所有的平行线都有一个交汇并消失的点。他还懂得根据画面上的实物距离,通过比例计算,得知实物的长度和其在画面的长度之间的关系。1435年,作家、数学家利昂·巴蒂斯塔·阿尔贝蒂(Leone Battista Alberti)应用几何原理和光学科学,成为写下透视法法规的第一人。

1450年,艺术家、数学家皮耶罗·德拉弗朗切斯卡(Piero della Francesca)写下甚至更为广泛的数学透视作品,其中包括:美术、算术、代数和几何等概念。数学家卢卡·帕齐奥里更深入地探讨透视学,他的著作包括《神圣比例》,书中内容大量依据德拉弗朗切斯卡的作品。帕齐奥里作品中的插图完全由著名科学家、画家、文艺复兴人物列奥纳多·达·芬奇(Leonardo da Vinci)制作,达·芬奇为透视学的研究作出了巨大的贡献。帕齐奥里是达·芬奇的老师之一,他教给这位最终成为伟大学者的昂纳多·达·芬奇大量关于比例和透视学的知识。

乔托·迪·邦多纳的作品发展了直线透视,在二维的帆布画面上来体现真实的三维空间。美国国会图书馆(Library of Congress)

▶ 什么是透视学？

在油画和摄影作品当中，透视学使图像具有深度，让人能够从二维的图片上感受到三维的效果。对于美术作品来说，所谓地平线就是指美术家（和欣赏者）的视平线；通过上下调整视点，能够使观赏者更多或更少地看到他与地平线之间的水平面。消失点是指水平线上的平行线看起来似乎会相交的那个点。基线同水平线平行且代表着图像平面基础。消失点位于水平线上且与欣赏者直接相对（或就在欣赏者的前方）。所有这些能够加深油画深度的点、线、角度及其他方法都基于数学概念。

荷兰郁金香花地是表达线条怎样趋变为一个消失的点的典型例子。艺术家采用这一观念展现画面的深度。罗伯特·哈丁世界图片库/盖蒂图片社（Robert Harding World Imagery/Getty Images）

▶ 几何是怎样用于创造伊斯兰图案的？

伊斯兰的建筑物、走廊和纺织织物上面的许多复杂图案，无处不体现出几何建筑设计。从简单的轮廓演化到复杂的几何轮廓，伊斯兰设计都包含了高度的数学对称性。其中最值得观赏的建筑物之一是坐落于西班牙境内格拉纳达市，建于15世纪的摩尔式建筑物——阿尔罕布拉宫。

伊斯兰设计给人以美感并让人感到惬意，融入了数学家和艺术家合作的心血。例如10世纪的数学家和天文学家阿布·瓦法（Abual-Wafa，生于现伊朗），在当时协助工匠们在木材、砖瓦、纺织物和其他材料上面设计装饰图案。他讨论诸如在线段的端点建一条垂线，构建一个多边形，均分线段，甚至平分角这样的数学概念。有了阿布·瓦法的教导和那些像他一样的人的讲解，最终指引工匠创造出了许多我们今天能够欣赏到的众多精美复杂的伊斯兰艺术。

▶ 什么是吠陀方形？

追溯历史，为了让伊斯兰工匠们创造出样式繁多的几何图案，吠陀方形被经常使用（吠陀是印度教的基础）。这些方形图案通过对选定数字序列和角度的连接而形成。每一个方图由递增数字图组成，并将所有数演变为单位数（例如如果图内的数为81，通过加上8+1，或者9，它将被减少）。然后，若要取得一个设计，则选定数连接线，就像连接所有数5。然后将连数线图旋转至选定的角度，不同的设计图就产生了。这些数图案不仅非常具有伊斯兰特色，如今还有助于创造出众多可供人们欣赏的、著名的、传统的伊斯兰几何图案设计。

摩尔式建筑，西班牙科尔多瓦市的清真寺大教堂，优美的设计强调了几何和对称性的结合。精选版/盖蒂图片社（Photographer's Choice/Getty Images）

▶ 埃舍尔是谁？

莫利斯·科尼利厄斯·埃舍尔（Maurits Cornelius Escher）是一位荷兰画家，他的作品以美术同数学概念相结合而著称。中学毕业以后，他没再受过正规的数学培训，但是，他一直很羡慕数学家会运用数学原理展示惊人的视觉效果。

1936年，埃舍尔在观赏了阿尔罕布拉宫的伊斯兰艺术收藏品之后，开始对数学图案产生了兴趣。埃舍尔对于平面几何和投影几何学（欧几里得和非欧几里得几何）所表现出的结构非常着迷。埃舍尔应用空间几何、空间逻辑的方法，例如使用棋盘形布置的方法或环形安排的手法铺满整个平面，使图案不重叠，无间隙。埃舍尔不但用规则的棋盘形，也用不规则图形布置图案，使形状改变并彼此之间相互作用。埃舍尔还采用基本的图形，或扭曲或应用所谓的几何反射、平移及传动等手段做出许多惊人的图案。埃舍尔还在他作品中应用了许多其他的数学图案，如运用了正多面体/理想的立方体和视觉布局特征。

▶ 什么是数学雕塑？

数学雕塑是体现数学设计的雕塑。通常雕塑为一个几何体，可以由一些材料，如铁、木头、水泥或石头等塑造成方体、三角体、圆柱体、特殊曲线体、棱面体、螺旋体等。许多此类的雕塑表现出从多面几何、拓扑节点到分形设计等不同的数学概念。

▶ 数学怎样应用于音乐之中？

数学可以通过多种途径（从和声学至八音度到音阶概念等）应用于音乐之中。音乐和数学之间有着一个非常有趣的关联：都被认为是纯大脑实体，只有通过人工连接方法才能使其大脑外产生意义。

例如，为什么组合在一起的一定的音符让大多数人听起来悦耳是有"数学"原因的。小提琴琴弦就是一个很好的例子：当琴弦拨动，弦前后震动，产生的机械能以波的形式在空气中传播。波传入耳的次数叫做频率，以赫兹为计算单位

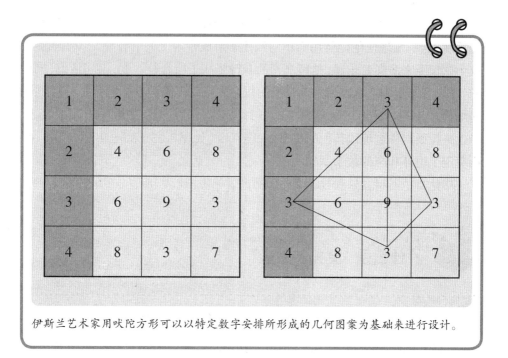

伊斯兰艺术家用吠陀方形可以以特定数字安排所形成的几何图案为基础来进行设计。

（赫兹，即每秒波的循环周期）；如果一定时期内听到更多的音波，则说明音符的音频较高。

和弦乐听起来非常悦耳，是因为音波和比率。例如，以C大调三和音为例，中音C为261.6赫兹，E音为329.6赫兹，G音为392.0赫兹。E对C音的比率大约为5：4，或者说E音每第五个音频和C音的第四个音频相结合；G对E比率同样是5：4；G对C的比率为3：2。因为当一个音符的频率与其他的音频相结合时，就会发出悦耳的声音。

有趣的是，我们所熟悉的西方和弦音的音阶比率实际上并不准确，确切地说是个近似值。这是因为，当把这些音阶放在一起时，创作者想让音符在相同的音程出现，使其之间比率一致。这么做唯一的方法就是折中，使用"不精确的"比率。

▶ **什么是"行星音乐"？**

希腊数学家和哲学家毕达哥拉斯在西方被认为是最先证明了勾股定理之

人，同时他还是发现"天籁之音"的人。他发现，音符的音频高低取决于发音弦的长度，这一发现使他能运用简单的数比率形成音阶之间的音程。如果演奏者取半弦长度来演奏弦乐器，他所演奏的音符要高于原音符八度，换句话说，同样的音质，音却更高。八度音是通过弦的每一次振动为前一音符频率的2倍，逐一递增而产生的。这可以通过频率比率1:2（弦比八音度）的数学方式来表达。毕达哥拉斯同样也确认其他的比率，如纯五度（比率2:3）和纯四度（3:4），从而奠定了悦耳和声的数学基础。

毕达哥拉斯将音乐和数学又向前推进了一步，他认为，音乐的音度是一种对

▸ 什么是"莫扎特效应"？

"莫扎特效应"一词是在20世纪50年代由物理学家和研究员阿尔弗莱德·托马提斯（Alfred A. Tomatis）提出的。它指的是未满3岁的孩子听沃尔夫冈·阿玛德乌斯·莫扎特（Wolfgang Amadeus Mozart）创作的乐曲被认为有助于大脑发育。最近的一次解释是物理学家戈登·肖（Gordon Shaw）与曾经的大提琴演奏家和认知发展理论专家弗朗西斯·劳舍尔（Frances Rauscher）在1993年作出的。在几十名学生聆听10分钟莫扎特的《D大调双钢琴奏鸣曲（K.448）》之后，研究人员发现，他们的时空推理能力会在短期内增强。但是，许多其他的研究人员则声称，没有人能够使这结果再重现。

多少年来，莫扎特效应早已深入公众的"灵魂"。聆听音乐特别是古典音乐，人们会更健康，记忆力会更好，还能增强治疗的效果。支持者们还声称，莫扎特效应能应用于学科学习，比如数学。他们认为儿童早期处于一定的音乐环境中，尤其是古典音乐，会使他们将来在空间视觉、抽象推理及其他各种数学概念上获得更高的成绩。目前，所有这些理论仍有很大的争议。

于人类精神和物质之间的关系最简单而又最伟大的表达方式。他同时认为，根据行星同地球间的距离，我们可以知道每一颗行星都会产生一个独特的音符（由行星运行而产生），这被称为"宇宙音乐"（*Musica Mundana*）或"天籁之音"，这是一种无人可以听到的音乐。毕达哥拉斯与其追随者们进一步用音乐治愈了身体并升华了灵魂，不过他们认为，地球音乐仅仅是宇宙音符的一个微弱回声。尽管今天这些同硬科学和数学相比，看起来似乎更"神奇"，但不管怎么说，许多研究人员认为，在一定的环境下，音乐有治愈人的力量。

据说，婴儿定期聆听伟大作曲家莫扎特的乐曲，会提高智商，这就是著名的"莫扎特效应"。美国国会图书馆（Library of Congress）

 社会中是否有一些数字比其他数字更常"使用"？

　　同其他数字相比，在一些文化中，某些数字会更经常地使用。例如，根据格兰·雷文（Golan Levin）等人2002年所著的《数字的秘密生命》（*The Secret Life of Numbers*）一书，某些数字会经常出现，如212、911、1 040、1 492、1 776、90 210，因为这些数字明显地出现在西方文化中，被用来识别诸如电话号码、邮编编码、税务表格、计算机芯片、著名的日子甚至电视节目等等的事物。取数字10的幂，同样反映了西方标准的十进制系统。像12 345、456或9 999这样的数字经常被使用，因为它们很容易被人们记住。

数学与社会科学

▶ 什么是社会科学？

社会科学是对人类社会进行研究与分类的学科。它探究人与人之间的关系——通常来说是某一文化内部的关系，但也有外部的关系。社会学研究基于这样一个观念：人们的行为受社会、政治、职业和知识结构的影响；同时也受个人现有和特有的居住环境的影响。

▶ 什么是计算社会学？

计算社会学是运用计算来分析社会现象的一个社会学分支。它利用统计数据确定这些数据中所包含的趋势，并使用计算机模拟来构建社会学理论。同时，它也指对于社会复杂性的研究。

▶ 人口统计学中使用了哪些数学概念？

人口统计学是对人口进行统计和研究来分析人口的特质结构，包括人口数量多少、密集度、增长速度、分布特点及重要统计数据等因素。其中普遍人口统计数据包括：出生和死亡率、平均寿命以及婴儿死亡率。

出生率通常在人口统计学中用于描述某地区每年人口的活产婴儿比率，常表示为每1 000人中的全年活产婴儿数（或者一个时间划分，比如半年）。与此相关的是婴儿死亡率，即每年每1 000名活产婴儿中，未满周岁婴儿的死亡数。

死亡率是指某地区人口死亡的比率，常表示为每1 000人口全年死亡人数。平均寿命常与死亡率相关，表示一定人口的平均寿命。它是在假设未来每个年龄段的死亡率不变的条件下，以统计数字概率为基础进行计算的，常表示为同年出生的一组人预期的平均寿命。

◉ 什么是人口金字塔？

人口金字塔是两个对头拼接的条状统计图，通过性别表示人口的分布：一个表现了男性数量，另一个表示女性数量（大多以5岁分类）。这些"金字塔"的形状多种多样。比如说，呈三角形的人口分布（也称为一个金字塔或指数分布）通常象征高出生率和死亡率，平均寿命短是经济欠发达国家人口的主要特点。矩形人口分布金字塔表示不同年龄组之间的人数数量变化不大，更多人达到老龄，这是经济较发达国家人口的主要特点。

人口金字塔有几种用途。除了计算人口的平均寿命，它还经常用于

根据其形状，人口金字塔能很快体现出这群人是否有很高或很低的出生率和死亡率。孤独星球图片库/盖蒂图片社（Lonely Planet Images/Getty Images）

 ▸ 美国人口普查收集哪些统计数据？

美国政府每十年进行一次人口普查，收集整个国家人口的重要统计数据。2000年的人口普查主要包括：居住地点、年龄、性别、种族、社会地位、婚姻状况、教育程度、出生日期、出生地点、伤残度、工作信息、服役情况、家庭语言、住房信息以及入学信息。

并不是每次人口普查都会询问所有的问题。例如，在1990年进行的人口普查中，100%的人被问及婚姻状况；而2000年时，这个问题仅是根据抽查完成的。根据2000年美国颁布的信息，截至2000年4月1日，全国人口达到281 421 906人。

计算在特定人口中受抚养者的数量。在这里,受抚养者是指15岁以下的全日制上学并"无能力"工作的孩子和65岁以上的或退休的人。尽管这是一个被普遍认同的定义,但并不适用于所有国家的所有情况。因此,政府可以用这个条状图来确定在工作人口中有多少人能供养受抚养者。此图还用来帮助预计未来人口年龄结构的变化(以十年为期)。历史学家也根据过去的人口金字塔来发现重要的资料。

▶ 什么是生命表?

生命表是一个生命过程统计表,表示同龄人(也叫同辈人)在每一个生命阶段死亡和生存的生命统计表。其结果通常用于表示死亡和生存概率,同样也表示不同年龄段人们的平均寿命。

有两种基本的生命表,或称为生命期望表(阶段性的或代表性的)。现时生命表建立在某一时间段(单一或好多年)以年龄区分的死亡率的基础上。它假定同龄人有一既定不变的年龄别死亡率。但是,这只是建立在假设的死亡率模式上的,并不是同辈人之间真实的死亡率。

在同组(纵向的和前瞻性的)生命表中,组群中的人划分明确,通常为同龄人(例如都出生于2000年)并有同样的经历。因此,根据年龄别死亡率可以知道或预测在日后几年死亡率的变化(如果对该群体追踪调查其疾病发生率称为同辈或前瞻性调查)。

与之相比,2000年平均寿命为65岁的当前死亡率表是用2000年65岁、66岁、67岁……死亡率计算得出的。2000年平均寿命为65岁的同生群寿命表,是通过2000年65岁、2001年66岁、2002年67岁并以此类推的死亡率计算得出。但是要注意,不是所有的同生群都用在死亡率的研究中。

数学、宗教和神秘论

▶ 数学和宗教在古代是怎样结合在一起的?

宗教和数学的联系最早大概是在公元前4000年的时候(尽管对这个时间

点的确定仍有争论），可追溯至印度雅利安人信奉的吠陀经典中的文本内容。由梵语写成的《吠陀》和《吠陀支》都不仅讨论宗教问题，也包括许多天文和数学知识。

宗教和数学之间的另一个联系是巴比伦人在公元前4世纪通过占星术形成的。在古代，占星术被看成是一种"宗教"，认为天体可以控制事件、个人、国王和国家的命运。占星术是建立在月亮、行星和星座的基础之上的，占星家们不仅要拥有丰富的天文学方面的知识，还要有数学方面的知识，包括使用算式法来计算一些"预言"的结果。

另一个是基督教和数学之间的联系，尽管人们一直对是数学影响基督教多一些还是基督教对数学的影响多一些的问题争论不休，但有一点是很清楚的：以前研究数学和科学的人都是根深蒂固的基督教徒。例如在16、17世纪时，伽利略·伽利莱（Galileo Galilei）、约翰内斯·开普勒、艾萨克·牛顿和尼古拉斯·哥白尼这样伟大的科学家都是虔诚的基督教徒，他们把科学研究看成是一种宗教事业。

英国物理学家弗里曼·戴森（Freeman Dyson）曾经说过，宗教、科学和数学之间的一个基本联系是神学辩论的结果，这种辩论孕育出了可以用于分析自然现象的思想。

▶ 什么是毕达哥拉斯学派？

希腊哲学家和数学家毕达哥拉斯不仅对数学界贡献了毕达哥拉斯定理，还创建了一个叫做毕达哥拉斯学派的团体（一些人称之为"邪教"）。他建立的学校着重于使人们全面发展并教授他们重生和神秘论的知识，这使这个学派有些类似于早期的俄耳甫斯教（Orphic cult），或者说是受其影响。毕达哥拉斯学派的基本信条就是"万物皆数"，即整个宇宙（甚至抽象的概念，比如公正）都可以用数字来解释。事实上，毕达哥拉斯如此着迷于数字概念，以至于他的信条都围绕着一个前提，即整个宇宙都是建立在数学演算法的基础之上。

但是，这个学派也有一些有趣的非数学信条。学派中的"核心集团"被称为数学家（Mathematikoi）。他们永远和毕达哥拉斯学派的其他人一起生活，没有个人财产，而且是素食主义者。那些处于学派"外圈"的人被称为声闻家（Akousmatics）。他们住在自己的房子里，只是每天来社团聚会。甚至允许妇女

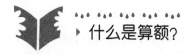

▶ **什么是算额?**

算额(sangaku),即"数字牌"的意思。它是日本传统的庙宇几何形式的名字。1639—1854年,日本与西方隔离。由于这个原因,日本逐渐产生了一种本土数学,这种数学被武士、商人和农民所应用。他们把解决几何问题的著作篆刻在精美的彩色木牌上,悬挂在神龛和庙宇的屋檐下。具体来说,算额研究的是欧几里得几何,但又与西方的几何学研究有很大的不同。虽然大部分算额非常简单,可以用西方的标准解决,但其余的则需要使用微积分和其他复杂的方法来处理。

加入,她们中的一些人成了著名的哲学家。尽管人们认为毕达哥拉斯写了很多书,但是,他的学派中守秘和财物公有主义都使得我们很难辨别哪些是毕达哥拉斯的作品,哪些是他门徒的作品。

▶ **耆那教在印度是怎样影响数学的?**

耆那教是在约公元前5世纪随着吠陀宗教在南亚次大陆的衰亡而建立起的一种宗教和哲学。它和佛教一起成为该地区的主要宗教。在接下来的几个世纪中,耆那教成为印度科学和数学的主要影响因素。它充满了宇宙论的想法,宇宙论认为时间是永恒的而且没有形状,世界是无限的且永远存在。事实上,他们的宇宙学包含了比当代对于宇宙年龄的猜想更大的时间周期,甚至其天文测量也与现代值很接近。比如,一个朔望月被认为29.516 129 032天,正确值为29.530 588 8天。

耆那教提出了更多的数学概念,其中一些数学概念惊人地超前于当时的时代。比如,他们懂得解析数论、算数运算、等差数列和等差级数、集合套理论、平方根、指数的基本定律、几何、圆周率的近似值(认为π等于$\sqrt{10}$,即3.162 278,这与正确值3.141 593非常相近)、分数运算、一次方程、三次方程和四次方程的概念。

⊙ 在不同文化中有哪些"幸运"和"不幸运"数字的例子？

在不同文化中，存在大量幸运数字和不幸运数字的概念。正如许多人赞成的，幸运数字和不吉利数字完全是巧合。一些文化努力使好运和厄运与数字相关联。比如，数字7在很多国家都很普遍地被人为代表好运和幸运。它是一个对许多人来说都很神圣的数字，代表上帝。日本有好运七神，埃及神哈索尔（Hathor）一次可以化作七头牛，圣经中有七日造物（实际上，第七天是休息日）。

另一方面，同一个数字还可以代表"不好"的事物。例如，许多神话里的怪物都有七个头；美洲土著人相信，要杀死苏族的盐水蛇翁克切丘拉（Uncegila）只能打它的"七寸"；在西方，还有"七宗罪"的说法。

13是非常著名的不吉利数字，因为它和出卖了基督的门徒犹大联系在一起。在名画《最后的晚餐》中，他是屋子里的第十三个人。但是，在其他地方，比如意大利，13都被看做是幸运的。古代文明也没有躲开数字13。在凯尔特和印第安美国人的占星术中，一年之中也有13个农历月和13个星座。

⊙ 在不同文化中什么数字有特殊意义？

在不同文化中，很多数字都有特殊的意义。在印度数字命理学当中，每个人都有三个相关的数字来解释和预测人类的行为——心理、命运和姓名数字，而且他们对于每一个人的意义都是不同的。在北欧数字命理学中，3、9和3的倍数具有神奇的强大力量。例如，数字9在北欧神话中是很重要的，而且经常指的是其主神奥丁（Odin）。作为德国和北欧神话中最至高无上的神，奥丁将他自己吊在树上九天九夜，学会了九首魔法咒语，获得十八种魔法能量。另外，当洛基（Loki）杀死光明之神——巴尔德尔（Baldur）时，出现了九个王国、四十位北欧女武神和十三位北欧神。

在中国，数字3代表富足，数字8表示更加幸运，6和9也紧随其后。数字6表示一切顺利；数字8最初受广东人的喜爱，因为在他们的方言中数字8意味着不久的将来会发财（后来，中国人都喜欢这个数字了）；数字9表示某事永恒不变，尤其指友谊和婚姻。现在中国人选择电话、房间和车牌号时，偏爱以这些数字为结尾的号码。同样，数字4（在日本也为不吉祥数字），作为不吉祥的数字，

▶ **什么是"兽名数目"（beast number）呢?**

　　所谓的"兽名数目"就是666,在《启示录》13章18节曾被提过:"这里需要有智慧。凡是聪明人都能够算出兽的数字,因为这数字代表一个人,这数字是666。"这也被认为是敌基督的数字。

　　其他相关的数字也获得了"异教"特征。比如,正好有666的数字被称为启示数字。数字2的n次幂中就含有666。换句话说,在以十进位的算法中,2的n次幂中含有3个连续的6,那么它就叫做启示数字。2^{157}就是这样的数字（它等于182 687 704 666 362 864 775 460 604 089 535 377 456 991 567 872）。类似的还有2的157、192、218、220次幂等。

　　数学家在同这些数字打交道时发现,兽名数目还有一些有趣的数学特征。比如,兽名数目是:

● 最小的7个质数平方之和为:$2^2+3^2+5^2+7^2+11^2+13^2+17^2=666$

● 最后的3个正数的六次幂的差与和:$1^6-2^6+3^6=666$

● 有两个方法在序列123456789中插入"+"号,一种方法在序列987654321中插入"+"号,都可以得出666的和:

$$1+2+3+4+567+89=666$$

$$123+456+78+9=666$$

$$9+87+6+543+21=666$$

● 更令人吃惊的是,在图书馆中使用杜威十进制图书分类法,"数字命理学"类图书的分类号为:133.335。把这个数字颠倒一下,再与本来的数字相加,就得到$133.335+533.331=666.666$

● 不可思议的是,如果你从最大的到最小的写下前6个罗马数字,会得到666:DCLXVI=666

皆居首位,前者代表死亡,后者意味着"一切都没有了"。数字14也一样意味着坏消息。事实上,在中国,许多人都忌讳车牌号选用此数字。

商业和经济中的数字

▶ 什么是货币?

实际上,货币是一种数字概念。在每一种文化中,金钱(或货币)是最常见的交易媒介,而且在一个社会团体内通过"协议",钱币可以进行交易并用于交换物品、服务或责任。每种货币都代表着特定可拆分的单位(如美钞纸币美元和美分)。当同其他物品和服务相比较,一种物品或服务会被给予一定价值,通常我们称之为价格。因为这样,人们使用货币时,需要知道许多最基本的数字概念,特别是加减。

货币其实是一个抽象概念。现在以及过去的几个世纪,货币一直是非常重要的象征。这就是为什么货币会经常被自然界中稀有

2000年,欧共体将欧元作为通行货币,正式推行。由此,各国之间的交易大大简化,而且不用再担心以每天都在变化的汇率兑换货币了。精选版/盖蒂图片社(Photographer's Choice/Getty Images)

的金属(如黄金和白银)、贝壳、小珠宝所代表,而现在则用钞票表示。

▶ 利息是什么,它是怎样计算的?

在金融业,利息可通过两种方式获得:通过把钱"借贷给"(或储蓄在)银行

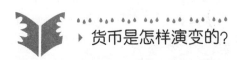
在货币大量流通之前，货品交易仅仅是以物易物。古时候，家禽和谷物经常被当作易物的手段，用一种物品交换另一物品，但这是有一定限制的。比如，如果农夫想在冬天时用小麦换马，他就得懂得怎样储存小麦，以便得到马匹。因此，以物易物的时间点的设定变得非常重要，而且有时候意味着生存与死亡之间的区别。

在中世纪的伊拉克，最初使用的货币种类包括石灰岩币（大小尺寸不同，则价值不同）、烟草、贝壳、鲸牙甚至面包。金银币，是在公元前650年由居住在黑海和地中海地区的吕底亚人最早开始使用的。在此之前，金属以其他形状（如块状、环状及手镯）作为货币进行交易。大约300多年以前，人们开始使用纸币，而且经常由那些能根据需求转换的、具有自然价值的"标准"物质（如黄金）所支持。

对于易物交换体系来说，货币的使用是一个巨大的进步。例如，当黄金成为交易标准时，对于想在冬季买马的农夫来说，用金币买马显然要比努力储存足够小麦（同时得防鼠害）容易多了。在西方，随着越来越多的人加入到这黄金标准之中，银行业发展起来，与贸易行业和工业发展相平行。

当今，由于在众多的国家用各种各样的货币，货币体系已根深蒂固。同时，货币类型仍持续变化。例如，1988年，澳大利亚首先引入耐用塑料币（塑料币已被视为打击假币的一种手段）；2000年，欧盟推行了欧元，让大部分西欧国家使用统一货币。

当然所有这些兑换以及货币流通都涉及数学。

或金融机构，可获得利息；或作为借用款的费用（支付）得到利息，通常根据所借金额的百分比进行计算。这两种最常见的利息是单利和复利。

对于储蓄账户来说，利息通常为复利，所得的任何利息会再投资或再以复利计算来产生更多的钱,进而获得更多的利息。例如,某人在货币市场基金投入1 000元,年利息5%,利息为季度付款(或此人所得的年息5%除以4,即每季度利息为1.25%)。1年后,1 000元存款为1 050.95元,此时符合利息实际为5.095%,而不是5%,因为利息是按每季度累加利息支付的(年利息5%为简单利,但是许多银行机构按复利支付存款)。

单利和复利都用于借用。采用单利,利息直接按照最初金额(原始借款额)支付,通常用公式表示,即: $a(t)=a(0)(1+rt)$,其中 $a(t)$ 表示时间,利率r不变的情况下,借款额和利息的总额。

复利的计算公式比较复杂。该计算不但包括最初借款额,而且包括长时间的递增利息(或累计)。例如,某人购买房子需25万元,首付5万元,剩余款20万元,以年利8%,每月还均贷额,30年(每月以复利计算)还清贷款。月按揭为(M),P 为贷款总额,i 为利率,n 为年还款月份,q 为年还款次数,则计算公式为:

$$M=\frac{Pi}{q\left[1-\left(1+\frac{i}{q}\right)^{-nq}\right]}=\frac{¥200\,000\times0.08}{12\times\left[1-\left(1+\frac{0.08}{12}\right)^{-(30\times12)}\right]}$$

$$\approx¥1\,467.53/月$$

▶ 什么是股票市场或股票交易?

股票市场(或股票交易)为股票买卖提供途径,为公司发行股票提供了一种手段,让人们可以在不同的公司进行投资。股票对于一家公司的投资,可以用股份来表示,股份是对公司财产和收益的所有权。普通股意味着投资者对公司享有选举权,优先股则没有选举的特权。然而优先股持有人不但优先于普通股首先获得公司财产和收益的所有权,还优先得到分红。

▶ 股票市场财务指标是怎样计算的?

许多财务指标与股票市场密切相关,它们都需要进行数学计算。股息是由公司董事会提出的,并分配给股东的应纳税付款。这些钱来自公司的本期利润和留存利润,通常为季度支付。可以以现金股息(常为支票形式)、股票红利或

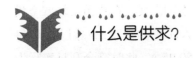

什么是供求?

在经济领域中,一定的因素控制着商品的供给和需求。供给指的是生产商根据不同数量的产品,提供不同的价格。简单地说,较高的价格产生较大的供给。需求指的是消费者,在给定的任何价格下,对产品需求的量;总的来说,需求定律说明随着价格上涨,需求就会下降。理想状态是,供求平衡。

因此,供求订立预测价格水平将向供给和需求平衡点移动。经济学家使用图表表明价格和数量的关系,列出需求和供给线,在线内处处体现出商品短缺及盈余。当供给和需求曲线"相遇"时,则建立了新的平衡关系。同样,曲线图显示向需求和供给移动,则产生一个新的供求平衡点。

供求间的平衡是否真实地体现过? 通过汽油、食品及其他主要产品的价格波动以及由于诸如战争和自然灾害所带来的始终在变的变量,我们得知,供求之间难以平衡。

其他资产等形式给付。

股息收益率是公司向股东以红利的形式支付的收益,是通过每股股票年股利金额再除以股价来计算的。比如,如果一只股票每股利息为2元,交易价为40元,那么它的股息率就是5%。

市盈率指的是"价格—利润比",是每只股票股市价与收益价之比。它是股票市价除以每股税后利润所得的数目。市盈率越高,市场就越愿意支付每1元的年收益。当然消极盈利(或不盈利的)公司根本没有市盈率。

▶ 什么是市场指数?

市场指数是用数学统计的方法来表示一系列股票的变化。例如,美国股票市场指数价格称为道琼斯指数,是由12家最大的上市公司总价均分所决定的。

现在，道琼斯工业平均指数用美国30家最大、最具有影响力的企业来决定它的股票指数。使用了更加复杂的计算机应用统计方法。

▶ 数学如何用于财会领域的?

毫无疑问，数学中的很多知识应用于财会领域。该领域应用包括为机构、公司或其他企业的财务记录（或称账本）进行分类、分析和解释都使用大量的数学加减计算方法。考虑到收益和损失，账本记录不但能反映出公司的财务状况，同时也在设定期间为企业建立总账，用于审计和做临时财务报表。

账本有着悠久的历史。早在1495年，在数学家卢卡·帕齐奥里关于账本的论述出版之前，账本这一概念就已经被人们所知。当今，双式记账的理念或账户借方和对应账户的使用非常流行，但它最初的应用是在中世纪的欧洲。

▶ 什么是经济学和经济计量学?

经济学是社会科学的一个分支，处理商品和服务的生产、分配、消费和管理。将数学和统计技术应用于经济和财务数据统计的科学，称为经济计量学，包括研究问题、分析数据开发、检验经济理论和模型。

▶ 经济指标是怎样计算的?

经济指标是通过数学计算得出的，主要是为了了解国家经济状况。国内生产总值（GDP）是当前衡量一个国家经济状况的一种方法。它指一个国家经过几个季度或一整年，所有终端产品和服务的总的市场价值。它的计算包括许多变量，如总的消费量、商业投资、政府支出与投资以及出口价值减去进口价值等。

消费物价指数（CPI）是用来计量经过一段时间消费者对"市场篮"消费商品和服务所支付的平均变动价格（市场篮是取样于消费者的消费习惯，即他们往"菜篮子"里装了什么），也包括货币供应量（M1）和货币供应量之二（M2）指数。M1是计量货币供给，包括流通货币，包括可被立即花费的旅行支票、存款和活期存款余额。M2为M1加上短期投资，例如隔夜回购协议、银行存款、定期存款（少于10万元）和货币市场共同基金。还有货币供应量之三（M3），指贷款机构的大单。

医学和法学中的数学

▶ **什么是数理医学？**

数理医学运用数学来了解一定的医学问题。例如，一些医学研究人员利用患者肺部产生的杂音和声响作为诊断的凭证。由耳或通过数学分析波普测量得知声音质量的好坏，这被证明为检查肺病的非侵入式方法。其他例子还有，运用数学模型演示药物是怎样在体内治愈既定疾病，以及用数学模拟出与年龄相关的肌肉退化过程。总而言之，数学模拟技术是数理医学最重要的部分，将会应用于人体来解决疑难问题。

▶ **流行病学是什么？**

流行病学是对传染病、疾病或其他发生在人群中的与健康相关的情况的发病率、传播及原因等进行统计研究的科学。使用统计数据，会问及这样的问题，如"谁得了传染病？""从地理位置上来看，患者居住在哪里，彼此间有什么联系？""什么时候得的传染病或疾病是什么时候发生的？""什么原因造成的疾病？""为什么会发生？"等等。

▶ **数学是怎样应用于心理学的？**

同社会科学中的许多其他领域一样，心理学应用了大量的数学统计。许多心理学家运用科学方法收集和分析数据，然后用图、表和描述总结数据。统计学和综合数学无处不在，从测量的数值到各种变量和测量表（等比量表、等距离表、等级量表和类别量表）都被用来计量心理现象。

事实上，统计学在《美国精神医学会的精神失调诊断法及统计手册》（DSM）

的精神病诊断书中起着重要的作用。该手册中包含对心理障碍的标准定义，包括精神病、发展失常及一些其他神经学异常状态，还包括大量关于这些失常状态的统计数据。

▶ 法律行业应用哪些数学？

无论民事或刑事律师，都必须懂得数学。例如，当律师书写案例见解时，他简述辩论就像做几何证明一样，列举所有相关事实和定律，进而证明纯理论。统计学和会计学同样有用，因为房地产和其他许多类似案件涉及大量的资金。懂得比率、比例及相关知识是很有必要的，以便作出公正的判定。律

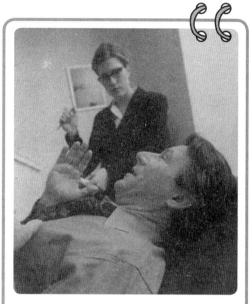

除了在商业和工程学以外，统计学在各行各业都起着重要的作用。例如，心理学家和精神病学者使用统计学来帮助他们进行诊断。泰科西／盖蒂图片社（Taxi/Getty Images）

师还要深谙逻辑学，尤其是象征逻辑学，以帮助他们在法庭上解释其论点。

▶ 刑事审判中怎样应用统计学？

寻找有关刑事审判统计数据最佳的去处之一，便是去司法统计局。司法统计局能提供大量有用的犯罪统计，包括刑事欺骗、犯罪特征、受害人特征及突发事件的统计数据等，所有这些数据协助警察和其他打击犯罪的机构更好地了解犯罪是如何发生的。但是，这些统计数据还远远不够，还包括执法人员的统计、校园执法机构和犯罪实验室的数据统计；执法培训学院的，甚至是关于法庭和犯罪判决的统计数据等。

在其他地方，同样可以发现此类统计数据。例如，联邦调查局提供的统计报告：统一犯罪报告（UCR），该项目从1929年开始，负责为警察收集犯罪信息。但是，在19世纪80年代后期，为回应执法需要，人们收集更灵活、更具有深度的

数据，UCR项目演化为美国国家犯罪发生报告系统（NIBRS）。这个更加完整的系统收集有关每次犯罪报告的详细统计数据，并将其提供给执法部门、研究人员、政府规划人员、刑事司法学员及公众。

▶ 数学曾被应用于破案吗？

当然，某些类型的数学经常用于破案。比如，警察和犯罪现场专家使用几何学来判定犯罪背后的情景。角度是用于判断最初血滴是来自哪个方向，判断车辆发生碰撞时，车从哪个方向行驶过来，重建一个犯罪场景。长度测量可用于从抢劫犯的脚印判定其步子和鞋尺寸的大小。应用更高等的数学，可以通过刹车痕迹来计算一辆汽车急刹车时的车速是多少。在谋杀案现场，法医可以通过溅落在墙上的血滴来判断被害人当时所在的位置，或甚至通过子弹伤口的大小和角度判断凶手和被害人之间的距离和位置。

数学同破案之间最大的契合点可能就是，数学教会人们改善其思考习惯。

▶ 临床试验怎样应用数学？

临床试验是用来判断一种新药或治疗对公众是否安全有效的方法。特别是新药或治疗需经过几个阶段才会得出积极的或消极的结论：第一阶段，取20～80名患者做临床试验，来判断其安全性、剂量范围或副作用；第二阶段，用大量患者进行药物治疗的临床试验（通常为100～300人）；第三阶段，用更多的人试验，1 000～3 000人；新药投产或治疗使用后进入第四阶段。总而言之，每一个阶段都有一个数学主题，每个阶段都使用统计来判断新药生产或治疗能产生的正面和负面效果。

六
日常数学

日常生活中的数字和数学

注：本章所涵盖的医药信息不能用来替代寻医就诊。如想设置锻炼计划或任何医疗问题，请咨询您的医生。

▶ 有哪些不同的计时方法？

当前普遍使用3种基本的计时方法。它们是12小时制（上午和下午）、24小时制和协调世界时（称为UTC或Zulu时间）。所有这些都涉及简单的数学——主要是加法和减法。

12小时制（使用12小时间隔的概念）是我们大家最为熟悉的。它意味着一天的一半（24小时被划分为二），上午和下午缩写为a.m.和p.m.——这些名称起源于经度子午线的使用，用来区分上午和下午的时间。"Meridian"（来自拉丁语词根）曾意指中午。因此中午之前的时间曾被称为"ante meridiem"，中午之后称为"post meridiem"。它们最后分别被缩短为"a.m."和"p.m."。这两个词是否用大写字母书写并不重要，都可以用于文中。自然而然地，24小时制是划分为24个增量。它通常用于美国军队和许多国家的政府机构。

UTC（或称协调世界时间制）是相当于在本初子午线的平太阳时（0经度），曾经被表述为GMT，或称格林尼治时间（实施这个转换是为了消除在一个世界标准中使用某一个具体的地理位

一条黄铜带在英格兰的格林尼治标注着0°经度线（本初子午线）。

置名称）。UTC的其他名称有世界时间、Zulu时间和Z时间。UTC以时间信号的协调传播基础，从00:00或是午夜起计数。

▶ 什么是杜威十进制图书分类法？

分类法中的杜威十进制图书分类法是一种图书馆按照题材来把非小说刊物分成组的数字方法。它是美国图书管理员麦尔威·杜威（Melville Louis Kossuth Dewey）发明的，用作小图书馆的系统。一本书的题材被用一个3位的数字分类，它代表十类题材（000—999）。按序依次为通用、哲学和心理学、宗教、社会科学、语言、自然科学和数学、技术（应用科学）、艺术、文学、地理和历史。例如，《方便算数答案书》在杜威十进分类法中应该是在500s下的自然科学和数学类里找到。

杜威十进分类法的数字是遵从卡特号排列。这种方法是由查理·艾密·卡特（Charles Ammi Cutter）发明的，是一种字母数字方法，通过使用一个或多个字母连带一个或多个十进制的阿拉伯数字来代表单词或名字。两种方法——杜威十进制图书分类法和卡特号一起被称为"图书编目号码",是确定一本书在图书馆里的位置的方法。

▶ 什么是标尺?

标尺是一种测量棒,通常是木头、金属或塑料制成。大多数标尺有一条直边用来划直线和测量长度。最简单和最为人熟知的标尺有细小的刻度,以厘米(或寸)度量。为了读出标尺,使用者须知主要的划分形式。比如,看足尺的时候,最长的增量以厘米表示,通常从1—12排序;测量从尺的左端开始,这里或许可能用"0"来标注。接下来从最短的到最长的划分是:最短的增量之间的距离代表1厘米

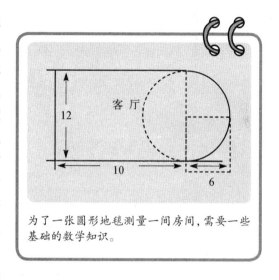

为了一张圆形地毯测量一间房间,需要一些基础的数学知识。

的1/16,下一个最长的增量之间的距离代表1/8厘米,下一个代表1/4厘米,最后的是半厘米。

▶ 如何计算重新装饰房间所需的地毯数量?

在电视上观看房间装修节目、参观某人的房间或在冬天的时候得了幽居病会经常触发人们从地面到天花板的重新装修的需要。但是,装修一间房子需要多少新地毯就涉及使用简单的几何学。例如,如果一个人想去为卧室买新的地毯,需要公式 $A = LW$,即面积等于长度乘以宽度。一间长12米、宽10米的卧室,面积是120平方米。所以,房间会需要120平方米的地毯。

如果一间起居室有一个圆形凹室,就要用另外一种测量 $A = \pi r^2$,即面积(A)等于π乘以半径的平方。如果房间在凹室的长边测量为12米宽(或是壁龛的直径),凹室的半径是6米。所以,$A = 3.141\,59 \times 6^2 = 113$平方米(取整到最近的平方米),就是全部的圆的面积。因为一个凹室是半个圆,把113平方米一分为二,

主厨和其他的厨师在测量食谱成分时，总是使用算数比例。斯通/盖蒂图片社（Stone/ Getty Images）

就是56.5平方米。把这个面积加到房间的其余部分。例如,如果房间的其余部分测量为10米和12米,那么加上凹室的56.6平方米就会得到所需的地毯数量为176.5平方米。

▶ 在烹饪中,比例和比率重要吗?

是的,两个主要的数学概念比例和比率对烹饪很重要(用作加、减、乘、除)。比如,一个烹饪食谱需要1杯面粉和2个鸡蛋,这两个数量之间的联系就叫做比例。假如这样的话,面粉杯数和鸡蛋的关系是1:2。这个比例在食谱结果中的任何变化都将会导致结果的不同——食物可能不能食用。

另一种看待烹饪和数学的方法是改变食谱中成分的数量。比如,一份食谱需要每种成分的一定数量,而厨师想要做半份,那么清单里的每个成分就要只取一半。2杯糖变成1杯,1/2茶勺的香草变成1/4茶勺,以此类推。如果厨师想做双份的料理,应用同样的逻辑,每种成分乘以2。2杯的糖变成4杯,1/2茶勺的香草变成1茶勺,以此类推。

▶ 测试评分被标注为"在曲线上"是什么意思?

标注"在曲线上"的测试评分意思是分数将大致遵从于通常所说的高斯概率分布,或者更通常些称其为钟形曲线。这个对称形状的曲线是基于考试的分数。在完美世界里,1/6的分数会分布在曲线的任意一端,超过2/3的在中间,构成一个正常的分布。但是,大多测试结果并不理想。因此,当学生的数量对应分数的测绘点呈现时,考试的难度就可知了。这取决于老师来决定如何分布分数(通常通过比较每个学生的分数和分布曲线来做到)。老师决定在何处界定及格和不及格的分数,这通常被称为划分数曲线。

▶ 煤气表和电表上的数字是测量什么的呢?

煤气表和电表通常是测量日常一间房或一栋大厦的煤气或电能的使用量。标准的电表是用来记录使用量的顺时针装置。当一间房屋或商店使用了电,在电表里的一套小齿轮就转动了。表里的刻度盘记录下旋转的数字,消耗电能的数量决定了小齿轮的转动速度。更新的数码模型能通过数字编码记录电能使用量。

煤气表是测量使用煤气数量的计量装置。煤气表能测量管道里移动的煤气强度。当煤气的流动增加时，表的刻度盘转得快，煤气流动降低时转得慢。为了理解煤气和电力公司如何向使用者收取费用，只采取简单数学的理解。这两种情况下，一个月的读数和下一个月读数之间的差量就是收取的数额。例如，如果电流表读数是3 240，而前一个月的读数是3 201，那么使用的电量就是一个月39千瓦。电力公司会用千瓦数乘以每千瓦时的费率向顾客收取电费。

▶ 与"轮胎压力"关联的一些数字是什么？

轮胎压力是测量使用一只轮胎压力的标准规格，最普遍的测量仪器是关于一支笔的尺寸。首先，关于压力：我们星球表面的大气压力测量值为6.67千克/平方厘米，或2.54厘米空气方柱的重量是14.7千克。这会随着海拔高度而变化。比如，在海拔3 048米，空气压力降到4.63千克/平方厘米。

但是，一辆小汽车、卡车、运动型多功能车或自行车轮胎需要更多的气压来充气膨胀。增加轮胎里面的原子数量，施加在轮胎边缘的更大压力和原子之间就会产生更多的碰撞。换句话说，一只气泵会充入更多的空气到定容里（轮胎的限容），使轮胎里的气压升高。一只小汽车的轮胎通常是13.61千克/平方厘米；一只自行车轮胎的压力可以有40.82千克/平方厘米。

▶ 为什么要在通信地址上设置数字？

邮区编码是美国邮政服务指定的一组数字，用来标注局部地区或实体的位置，以便于快速派送邮件。邮区编码通常指一条街区、一片街道、一栋建筑物或是一些邮政信箱。但是，数字与城市、乡镇、州府和其他地区的边界不是严格地保持一致。不同的区域里，邮区编码可能是以5、7、9或11为数字。最普遍的编码——5位数字编码——首位数字把整个国家划分为10个州府团体，从东北到西部分别用0到9来标示。每个州又被邮区编码的第二位和第三位数字划分为不同的地理带。比如，纽约州和宾夕法尼亚州的邮区编码从090和199之间开始；印第安那州、肯塔基州、密歇根州和俄亥俄州从400和499开始。邮区编码的第四位和第五位数字指示的是当地的送信位置。

数学和野外活动

▶ **降雨量是如何测量的?**

降雨量(降到表面的液体沉淀量)通过雨量器来测量。最普遍使用的独立雨量器是在筒管外面刻有增量的圆柱形器具。通常放置在没有高楼、大树或其他可能阻碍收集降水的高大建筑物遮挡的地方。

雨量器也可以测量降雪,测量降雪时,雨量器测量相当于降雪的液体。这就是为什么气象学家经常说达到25.4厘米降雪的暴风雪将相当于2.54厘米的降雨,其比例是10∶1。但是,这个概率是很难定的。如果气候系统超冷,比如加拿大上空的北极气团和美国北部,冰点以下的温度下每厘米降雨可能生成多于10厘米的降雪。气象学家经常称之为"毛边因子",因为在更冷的温度下雪花晶体之间充盈更多的空气,所以雪花看起来"毛茸茸"。事实上,在非常冷的空气里,雪和液体的等值比可能是15∶1,或20∶1,甚至是30∶1。

▶ **风速是如何测量的?**

风速通常用风速计来测量。最简易的风速计是一种杯形装置,能够旋转和获取风力并将转数转换算成风速的近似值。更准确的风速计是在仪器中间悬挂着一个自由转动的涡轮测量风速。由红外线感应的涡轮速度把信号转达给一个电路,再由电路显示出风速。

▶ **植物耐寒区数字是什么意思?**

植物耐寒区是数字使用的另一种方式,显示了地球上陆地的年平均最低温度。一幅普通的植物耐寒区地图按照年平均最低气温分解出了20条不同的区域。例如,在区域5a,年平均最低温度为−28.8 ℃~−26.2 ℃,例如艾奥瓦州的得梅因。在区域11,这样的温度在4.5 ℃以上,例如夏威夷州的檀香山。在区域1,

这样的温度低于−45.6℃，例如阿拉斯加州的费尔班克斯。还有其他地图能把区域分解得更为详尽。

无液气压计上的数字是什么意思？

非液态的无液气压表测量空气压力。当大气压力由于风暴系统（或缺少暴风雨）发生变化，该量具就会记录变化（因为大气压随着海平面以上或以下的距离变化，气压表可以用来测量海拔）。无液气压表里有一个小座舱，其作用类似一个风箱，但是有移出的空气。当气压升高，座舱面就被推进，连接的指针升高（顺时针移动），当气压减小或降低，座舱面就推出，指针向逆时针方向移动。

普通气压计的读数大概是从730～790排列，每个数字之间有十个或更多的间隔。指针（实际上是类似于表针）指向气压表上的读数，并随着气压变化移动。这些读数是基于一条原理：大气压能支撑一端密封在管子里的76.2厘米的液态水银柱。这则信息是源于最先被制造出来的水银气压计。

如何读出无液气压计的示数？气压计里向下的指针指示一个低压系统正随着恶劣天气（通常是夹带雨或雪的风暴）来到；稳定的气压计意味着当前的气压系统没有变化；上升的气压计说明高气压和晴好天气。一个相当高的读数，如7左右，说明极度干燥的大气压。气压表的变化计时也说明：几个小时内的度数变化意味着天气将很快变化，一个0.3左右的变化说明天气变化会在12～24小时内来到。气压计快速升高也说明有大风和不稳定的天气。

所有的气压计都根据天气系统来工作：气压的变化是由气温的差异引起的。反过来，这会带来风和承载环绕地球底层大气层的高低气压系统的气候模式。

数学、数字和身体

▶ 人类的正常体温是多少？

通常，正常人的体温是37℃，实际上，"正常"有一个范围。事实上，一个人的实际测量温度很少是37℃。其中的一个原因与旧标准是如何被计算出来的有关：使用口含水银温度计和基于很小的抽样人口。

把一支温度计置于舌下5～10分钟的时代已经远去了。今天的温度计更复杂、更准确、更快捷。因此研究者相信，基于更好的数据——更多的人接受测试——口含测试的正常体温应该为36.5℃～37.2℃，大约20个人中会有1个人高于或低于正常温度。这些数据在1天内也会有1℃～2℃的变化（平均来说，早上两点至四点会达到一个低点，12小时之后到达高点）。一个人体温更为准确的表现是测量核心温度，或者身体内的实际温度，通常使用直肠或内耳（鼓膜）温度计。

▶ 血压读数意味着什么呢？

血压是测量血液是如何挤压动脉壁的。这里生成两种力量：第一个来自当心脏泵血到动脉里时；第二个是动脉抗制血流的力量。当一个人"测量血压"时，他是在测量一个比率：高一些的数值（称作心脏收缩压或高压）代表心脏收缩泵血给身体的压力，低数值（称作心脏舒张压或低压）表示心脏在跳动间放松时的压力。例如，血压是120/76，收缩压读数是120，舒张压读数是76。

当护士或医生为你量血压的时候，他们给你的两个读数是你的动脉收缩压和舒张压。哈尔顿图片库/盖蒂图片社（Hulton Archive/Getty Images）

事实上，数值代表的是多高的血压会使水银柱上升到管柱里。例如，收缩压读数120表示水银会在管柱里升到120毫米（通常标注为mmHg，即毫米汞柱）。根据最新的标准（一直在变化），血压低于120/80被视作成人最佳状态；120/80～139/89被视作"高血压前期"；超过140/90就是高血压了。高血压也包括3个阶段，在第三阶段最高的高血压读数要高于179/109。

▶ 如何计算静息心率？

计算静息心率（RGR）涉及简单的数学。它是当躯体静止时每分钟的心跳数，每分钟的跳动代表心脏收缩的次数。为了测量RGR，要通过脉搏每分钟的跳动次数（通常要压住手腕内侧或沿着脖子的一侧）15秒，然后乘以4（15×4=60秒）就能得到每分钟心率。或者数10秒，然后乘以6（6×10=60秒），得到每分钟心率。如果你10秒内数到了12次，用12乘以6就会知道静息心率是72。

▶ 如何计算运动时的心率？

计算运动时的心率是为了知道人是否能通过有益锻炼来保持心脏和身体的健康。为了确定安全和有效地对心血管有益的锻炼范围，通常采取两项措施。首先是最高心率，与人的年龄相关的一个数值（随着年长心跳减缓）。估计最高心率是从220里减去一个人的年龄。例如，一个人是40岁，他的最高心率为180。

接下来的测量是目标心率区。该数值使用最高心率，代表有氧运动时每分钟心脏的跳动次数。对大多数健康的人而言，范围是最高心率低限的50%到上限的80%（有些图表说是75%）。当一个人运动时

在运动时，你的心率总会增加。健康的运动意味着不要超过与你的年龄相适应的目标心率区和最高心率。图片库/盖蒂图片社（The Image Bank/Getty Images）

所有的动物都按照不同的速度"老去"，我们家养的猫狗也不例外。不同于人类，按照人类的年龄对照，这些宠物看起来年老得更快。在人类成长到15岁的年纪时，这两种动物都相当于长到了1岁。但是，对狗来说还有一些不同。一些人依据动物的体格来决定年龄段。例如，一只重过82斤的1岁狗狗，可能只相当于人类的12岁；一只狗1岁时在46～82斤，则相当于人类14岁。这些年龄差异反映出狗的一生。下列简易的表格表明了猫狗年龄与人类年龄的对应关系。

人类年龄对应猫/狗的年龄

对应的人类年龄	猫 龄	狗 龄	对应的人类年龄	猫 龄	狗 龄
10岁		5个月	64岁	12岁	12岁
13岁		8个月	68岁	13岁	13岁
14岁		10个月	72岁	14岁	14岁
15岁	1岁	1岁	76岁	15岁	15岁
24岁	2岁	2岁	80岁	16岁	16岁
28岁		3岁	84岁	17岁	17岁
32岁	3岁	4岁	88岁	18岁	18岁
36岁	5岁	5岁	89岁		19岁
40岁	6岁	6岁	92岁		19岁
44岁	7岁	7岁	93岁		20岁
48岁	8岁	8岁	96岁	20岁	21岁
52岁	9岁	9岁	99岁		22岁
56岁	10岁	10岁	103岁		23岁
60岁	11岁	11岁	106岁		24岁

心率达到这个区域值，意味着他已经达到了有益于他心血管健康的活动水准。比如，上述例子里最大心率是180，每分钟心跳低限应该是180乘以50%，就是每分钟90下；上限是180乘以80%，每分钟应是144下。

如果你的心率持续保持在低于50%或高于80%的范围内，那么运动就几乎无益了。就低限而言，是心脏工作不够旺盛以有益于心血管；而上限（能导致扭伤和受伤的除外）是心脏跳动太快而躯体不能迅速补充氧气。

▶ 胆固醇指数意味着什么？

胆固醇是蜡状、像脂肪一样的物质，生成于肝脏，能在所有组织里看到。胆固醇指数表示血流中的胆固醇数量，对人类来说，胆固醇总数在200以上说明患心脏疾病的风险增加（200～239之间被视作高胆固醇的边线）；低于200，患心脏病的风险则较低。

但是，胆固醇总数不是唯一要知道的数值。还有一个指标是低密度脂蛋白（LDL），即"坏"胆固醇。LDL是动脉里涌动和淤塞的主要来源（风险水平高于130，以每10公升内的毫克计量）。还有高密度脂蛋白（HDL），有助于保持形成中血小板的"好"胆固醇（风险水平低于40，以每10公升内的毫克量计量）。

当血液里堆积太多胆固醇时，它在动脉壁上形成。久而久之，形成物（称之为斑块）会引起"动脉硬化"或是动脉狭窄，限制或阻碍血液流向心脏。血液承载氧气到心脏，如果到达心脏的血液减少，缺氧会引起胸痛。如果接近完全或是完全的淤塞阻滞了心脏部分的供血，常会引起心脏病突发（心肌梗死）。

数学和消费者的钱

▶ 什么是商店折扣？

许多商店都对零售价提供折扣，有时候对卖价也打折。例如一间百货商店里的一件毛衫原来卖50元，优惠期给25%的折扣。消费者实际上付50元的75%。确定售价时，用50元乘以25%（$50 \times 0.25 = 12.5$），然后从原价里减去折扣额得到售价，即￥50.00－￥12.50＝￥37.50。

▶ **购买时人们如何计算销售税？**

大多数城市对消费者的零售购买收取销售税——从衣物到食物。这个消费税是按照购买价的百分比计算，税的百分率称为税率。在美国，每个州的税率变化

 人们如何计算小费的数额？

小费，或称赏钱，是对向消费者提供服务的人给予的钱额，比如餐馆里的服务生。取决于不同的服务质量，在美国要留下10%～20%的小费。虽然许多人对在不愉快的经历后分文不留这件事有话要说，但是，最普遍的是15%。小费是按总账单计算——餐费和税费——虽然一些人只按照餐费给赏钱。比如，如果餐馆里的一顿饭总共花了10美元（餐费和税金），15%的小费应该是1.5美元。小费通常留在桌子上（或交给服务生），或者带出来放进"小费锅"里由全体服务人员共享。

有一些数学小窍门用来记住给餐厅服务生、理发师、门卫或在其他场合下什么时候留下小费。一个估计小费的好办法是把总账单取整到最有效的金额。例如，18.50美元的就餐应算作20美元。接下来，向左一位移动取整数值的小数点（从20美元到2.00美元），或算作总额的10%。然后把这个数额一分为二取5%。把这两个计算结果加到一起估算出总额的15%——这个例子，小费为3美元。实际上，18.5美元的15%是2.78美元，这相当接近3.00美元。

但是记住，不是每个国家的小费都是一样的。给小费在埃及是一种生活方式，但是出租车司机不接受小费；法国餐馆必须加小费，按照法律通常是给账单的15%；澳大利亚几乎不存在给小费；中国没人给小费（主要是因为政府向游客附加了足够的收费）；在新西兰，也不给小费，因为价格里通常包含了服务；在日本，想都不要想小费！

很大,县镇经常收取附加税。比如,在佛蒙特州,当地的销售税率是5%;佛罗里达州的销售税率是6%;在纽约不同的县镇,销售税率低到7.25%,高到8.75%不等。

付款时是如何计算销售税的?举个例子,在纽约市买了个100美元的戒指,销售税是8.265%。用100乘以8.265%,即100×0.082 65=8.265美元,消费税取整到8.27美元。那么商户会向顾客总共收取108.27美元。如果在佛罗里达州购买同样的100元的戒指,销售税是100×6%=6.00美元,总共要付106美元。当然,不是每笔购买都是这样直截了当的,因为一些城市也会把地方税或额外费和费用附加到账单里。

▶ 如何用单价确定总额?

单价仅仅是每件商品(单位)的价格。这个词汇经常被用来比较不同规格商品的同样数量时的价格,或是被用来决定服务的总价。例如,如果一个人在当地餐馆举办生日聚会,宴请100位客人,每位(单位)餐费是7.50美元,那么总聚餐的费用是750美元。把小费加进去,很容易看出为什么大多数人在家里庆祝或只是邀请很少的朋友。

▶ 什么是结算支票本?

结算支票本通常是个挑战。对一些人来说,忘记依据账户签出支票或是忘记存款到账户会产生最大的结余麻烦。对其他人来说,是没有存进足够的钱来支付支票金额。真的没有"艺术"来保存支票本。就是支票和余额的问题——或是借和贷——一点简单的数学。

为了保持支票本正常,一个人应该能做这些事。比如,保持在支票账户里开出的支票有连续余额。无论何

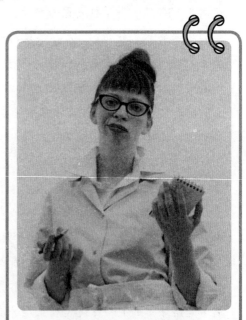

仔细正确地按百分比计算你的小费,否则或许你会遇到一名心怀不满的服务生。斯通/盖蒂图片社(Stone/Getty Images)

时你写支票时,必须要填写大多数银行给予的支票账户册里的金额。在正确的栏里,列出支票数字、支票开给谁(任何其他的重要信息)、负向的数额(借方)和从余额里减去支票金额。

出具支票(拿出钱)的同时,在支票登记处做一笔存款的记录。存款通常用正向(贷方)记录。不要让存款额变低——如果账户余额变成了负数,账户就没有足够的钱来支付支票了。如果这时没有更多的钱存进账户,支票将"被拒付并退还",或没有足够的资金偿清——这很不好!对于拒付并退还的支票,大多数银行会向账户使用人收取很高的费用,而不是向支票的收票人收取。

无论何时你收到银行的对账单,都要检查余额是否与你的支票本一致。这称作"结算支票本"。当你比较已经在登记簿清偿了的支票,检查过标注"X"或检查标记,也要减去银行手续费,诸如ATM管理费。如果所有的支票都已经偿清了,并且所有的收费都已说明,那么支票本的余额和对账单应该是一致的(除非银行向支票账户里打入利息,如果这样,把利息加到支票本里的加号或是贷方栏下)。如果不是所有的项目都偿清了,检查银行对账单并注意那些没有标注过的,并合计没有偿还的交易。从银行对账单的结余里减掉未偿还交易总额,然后在这个新结余上加入所有的不在银行对账单上的存款。该数字应该与支票登记簿上的余额相符。如果不是这样,回到支票登记簿里用加法和减法去查找是否有计算错误,这通常是支票本不平的原因。

▶ 什么是年百分率?

年百分率(APR)是对贷款(包括信用卡)支付的年利率的表述。它与广告利息不同,为了计算借款的"总费用",年百分率包括一次性的费用。因此,寻找APR较低的贷款经常是一项明智之举。因为在一项借款或贷款申请结束前,出借人需要告知APR,所以使得对出借人进行比较变得很容易。例如,如果一个人借入了100元,1年5%的单利(到了年底应该还105元),出借人再收取5元的费用,实际上借款的总费用将是10元,意味着APR是10%。

▶ 申请信用卡时需要知道哪些术语?

人们在申请信用卡时,应该知道一些专有词汇。一个重要的术语是"年

▸ 现代的现金收款机如何自动知道一件商品的价钱?

现代的现金收款机实际上就是一台能够识别由一连串宽度不等的竖条组成的密码的计算机。这些竖条叫做"条形码",代表数字和其他符号。条形码由对来自直线以及空间厚度和变化的反射非常敏感的激光光束进行读取。读取器将反射的光转换成数学数据传输给电脑进行快速反应或存储(通常是两者都进行),对所购商品进行累加并且马上清点。

条形码并不仅用于商店,它们也被用来检验从图书馆借出的书,确认医院病人的身份以及记录生产和运输活动。甚至还有用于科学研究的非常小的条形码,例如,用来给蜜蜂做标记和进行记录的条形码。

费",由信用卡公司收取的类似于会费的固定的、按年收取的费用。财务费用是你为了使用贷款而付的金额,它应该在你的信用卡对账单里列示。"年费"通常包括对借入款项收的利息和其他与交易相关联的收费,比如现金预付费或当需支付外币时的汇率计算费。

正如上述问题所说的,年百分率(APR)是以一年为基准的贷款费用(或相关费用)的度量。以信用卡而言,一般APR包括利息和其他收费,如年率。信用卡经常也有两类利率。在可变利率计划里,如名称所示,利率是可变化的。它通常依据其他的利率,比如国库券或基本利率。固定利率计划是不依赖其他利率变化的。

现在许多商店的货物都被贴上条形码,这些条形码用宽度不等的线条来表示可以被激光读取器读取的数字。泰科西/盖蒂图片社(Taxi/Getty Images)

它保持稳定,除非贷款公司对每个人都升降利率,这可能会周期性发生。

▶ 信用卡公司如何计算财务费用?

当信用卡发行方计算卡的财务费用时,卡对结余适用一个周期率。为了计算余额,公司使用不同的方法。最普遍的是日平均结余法,结余按照提取在该期间账户里每天的债务数额并进行平均来计算。之前的结余方法使用期末的未偿还余额来推算财务费用。调整结余方法通过从以前的余额中减掉期间内所有的付款来得到结余,新的购买项不被计算在内。

▶ 什么是按揭?

按揭是使用资产作为担保物对贷款进行偿付的方法。"按揭"是从一个意思为"死的承诺"的14世纪货币制度中的拉丁词语基础上来的,意思就是对借入人而言,如果他拖欠了债务,财产就是"死的";对借出人而言,贷款付出后,承诺也是"死的"。多个世纪以来一直应用数学来估算。

▶ 哪个数学概念被用于计算按揭付款?

多数情况下,按揭是分期偿还。就是在一个具体的期间内以定期的、固定的、系统的偿付(比如按月)来逐渐减少债务。这些偿付必须足以偿还借款本金和利息。虽然通常都书写为一套复杂的数学计算,简单而言分期偿还就是一部分付款支付利息费用,其余的支付本金(借款数额)。利息按所欠数额重新计算,因此随着贷款的余额越来越少,利息也变得越来越小。那就是为什么在住房按揭的前几年购买者会为利息支付许多钱,而不是偿还本金。

例如,如果按30年、6.5%的利率按揭10万元,月固定本金和利息要还632.07元。第一个月,购房者按10万元付利息(541.67元),剩下的钱(90.40元)才是付本金的。换句话说,所欠本金被减掉了90.40元。下个月,购房者按少一些的钱额还利息——按99 909元的541.18元付利息,90.89元还本金。随着月复一月的还款,利息减少了,本金的减少也在加快。到了第360个付款日(30年之后),还款额中就有3.41元还利息,628.66元还本金了。

▶ 房地产交易中"点数"是如何确定的?

当通过房地产集团或银行买房子时,"点数"可能由借款人在款项借入时支付。通常要得到一个低点的利率,因为借出人经常会提供某个利率与点的组合,那可能帮助购房者省钱。实际上,点数通常指贷款做出时,由按揭经纪人收取的佣金或借出人收取的贷款费。点数也能是负数,这样它们就被称为借出人给借入人的"折扣",经常被借入人使用来抵付其他的结算费用。

总的来说,每个点是贷款金额的1%。例如,3个点等于贷款总额的3%,借出人不设定固定的点数,因为它不受法律控制。举例来说,10万元的贷款,1个点等于1 000元,10点就是1万元。寻找贷款的屋主应该去找收取点数较低的按揭经纪人或借出人。一些财务机构甚至可能愿意协商降低一些点数。但是要当心那些不收取点数的出借人,因为他们通常会收取比那些有点数的出借人更高的利率。

虽然这只是一个数学和个人预算的问题,但是,在选择按揭的时候还是有些一般性的参考原则。低利率、高点数贷款通常适用于那些能达到首付要求,或者那些想要长久居住,或者是要减少月按揭还款额的购房者。高利率、低点数的贷款适用于那些不想久住或是缺少资金的借款人。

数学和旅游

▶ 如何确定在地球上的位置?

使用代表纬度和经度的两个数字来决定在地球上的位置。实际上这些数字是两个角度,按度(°)弧分(′)和弧秒(″)测量。在地球这个球体上,纬度线圈平行于赤道,位置不同长度不同。最长的纬度线在赤道(纬度为0°),最短的纬度线(实际是尖点)在两极(北极90°北、南极90°南)。在北半球,纬度随着从赤道向北移动增加;在南半球,纬度随着从赤道向南移动增加。

经度线,或称子午线(曾称作"meridian lines",最后缩短为"meridians"),是那些从一极向另一极延伸的线,用穿过赤道的经线把地球像橘子瓣一样划分。在西半球,经度随着从英格兰的格林尼治向西移动而增加(0°~180°);在东半球,经度也随着从英格兰的格林尼治向东移动而增加(还是0°~180°)。同一条纬度线上的点同时经历子午(和任何其他小时)。但是注意:纬度线不要与时区混淆,多数时区是漂移划界的。

▶ 为什么英格兰的格林尼治被称为本初子午线?

英格兰的格林尼治成为本初子午线的原因是有历史的。一条虚线穿过旧的皇家天文观测台,被那时的天文学家选定为0°经线。观测台现在是位于伦敦东郊的公众博物馆,是重要的旅游景点。对于那些站在一条伸过标有"本初子午线"的黄铜带的游客来说,在这儿能一只脚跨立在地球的东半球,而另一只脚却站在地球的西半球。

▶ 人们如何将纬度和经度转换为含有度数、角分和角秒的读物里的度数?

简单的数学就能把纬度和经度的度数、角分和角秒转换成度数。知道1分钟是60秒、60角分等于1度是很有用的。由此,要把南纬65°45′36″换算成度数,你应该做如下计算:$-65°$(南半球为"$-$")$+45′\times(1°/60′)+36″\times(1°/60″)=$ 纬度$-65.76°$。

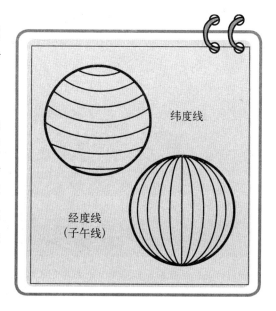

纬度线

经度线
(子午线)

▶ 什么是时区?

时区是地球上24个区域中的任何一个(粗略地被经度线划分,但是,界限不是很稳定)区域,按照一天里的小时数划分。任一区内,所有的时钟都设在同一时间。时区包括国际日期变更线,一条本初子午线大致东或西180°的经度虚线;日期到达这条线的东边会变早一天。

▶ 人们如何确定一次旅行所需的距离和时间?

有几种方法可以确定旅程的距离和时间。例如,如果旅行者知道他的车油箱里每升汽油行驶20千米,那么他就能说出根据油箱里的汽油数量可能行驶的总千米数。可以写做20加仑。举例,如果某人为了到达目的地买了10升汽油,旅行者能走大约200千米。

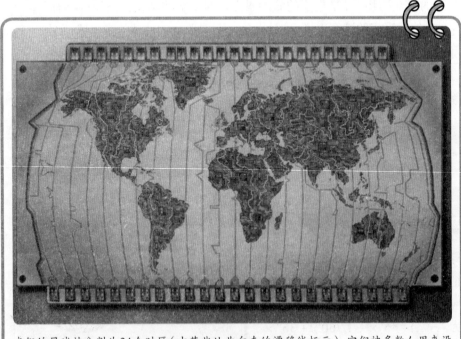

我们的星球被分割为24个时区(由某些从北向南的漂移线标示),它们被多数人用来设置时钟和协调日程表。泰科西/盖蒂图片社(Taxi/Getty Images)

阿拉伯数字	希腊数字	希伯来数字	日本数字
1	α′	א	一
2	β′	ב	二
3	γ′	ג	三
4	δ′	ד	四
5	ε′	ה	五
6	ϛ′	ו	六
7	ζ′	ז	七
8	η′	ח	八
9	θ′	ט	九
10	ι′	י	十

除了我们熟悉的阿拉伯数字系统之外，数字还可以用希腊语、希伯来语和日语等语言中的不同字符表述。

另一个例子涉及车和里程。如果旅游者沿着高速公路以65千米/小时匀速行驶，司机可以确定用多久能到达目的地。如果旅游者要行驶650千米，则要行驶10小时。

▶ 什么是地图的比例尺度？

大多数的旅游、街道或高速公路地图显示衡量尺度，通常是按千米表示。为了确定地图上一条直线（水平）的距离，取一片纸，在纸上标记起始地和目的地作刻度线，然后测量纸上刻度线之间的"距离"，就能计算出两地之间的实际距离。

拓扑地图也有刻度，但是，那样刻度是把地图上的测量数表示为一些在地球表面上测量的实际单位数的比例。比如，一张比例尺为1：25 000的地图是表示地图上1厘米等于地面上25 000厘米。因为这两个数有同样的单位，也可以理解为任何测量单位。大多数的拓扑地图也在图例上提供图示比例尺。

▶ 什么是货币兑换率？

当去另一个国家旅游，很重要的是知道货币兑换率，那是旅客国家的货币与那个到访国家货币对比的数值。例如，就像所有的货币，与其他国家的货币比较时，美元每日会涨落。如果你到加拿大旅游，1美元能买到1.4加拿大元，那么汇率是1.4：1；如果你去新西兰，美元兑换率是1：0.547 7，那么1新西兰元值54.77美分。

▶ 在世界范围内还有哪些非阿拉伯数字？

虽然阿拉伯数字是世界范围内的主要使用数字，但是也有些地区使用其他的数字。比如，中国、日本（日文汉字）、希腊、泰国和希伯来数字。上页的插图列出了世界游客遇到的一些数字。

七 趣味数学

数学猜谜

▶ 什么是益智游戏?

益智游戏是经常以重新安排各部分(常为几何)或以填空(例如纵横字谜)的形式来做出解答的数学问题。益智游戏典型特点是不需要高超的数学知识,但许多游戏是起源于更为高等的数学题和逻辑题,包括桌面游戏(例如象棋)和脑筋急转弯。

▶ 益智游戏的类型有哪些?

益智游戏的种类无数。下面列出一些最为常见的:
• 起源于桌面游戏的益智游戏包括象棋类型问题(象棋和八皇后问题)
• 逻辑拼图(填图游戏)
• 实体的益智游戏(魔方)
• 电脑智力游戏
• 方块游戏
• 单人游戏
• 脑筋急转弯
• 谜语
• 拼图游戏(包括七巧板、综合方块)

- 侦探游戏
- 字谜（重组字、解码游戏、纵横字谜、寻词游戏、口算游戏）

▶ 什么是密码算术游戏?

一些最具有挑战性的口算游戏称为密码算术游戏。这些数字游戏（常被称为密码算术）由数学方程式组成，其数字由字母和符号来表示；目的就是识别出每个字母的数值。在这种游戏中，每个字母代表一个独特的数字，但有一定的规则。就像在普通的数学记号中，一个多位数起头的数一定不是0；这个游戏通常也只有一个答案。

参与要求数学技巧的谜题游戏是曾受几代人非常受欢迎的消遣方式。哈尔顿图片库/盖蒂图片社（Hulton Archive/Getty Images）

最常见的密码算术游戏分为两类。字母密码算术游戏是一种用字母代表不同数字的游戏。这些字母来自游戏中相关的词或有意义的短语。数字密码算术游戏是一种用数字来代表其他数字的游戏。

▶ 什么是拼图游戏和拆分游戏?

拼图游戏要求重新拼接成一个比较大的、无重叠的既定形状的两维图形。最好的例子就是拆分游戏，最为常见的就是通过限量的切分由一种目标对象转换成另一种目标对象，然后再把这些碎片重新拼接起来（大多数的切分都是直线切分，有时切分的目标对象可以重新拼接成两个或更多的形状）。

▶ 什么是七巧板（Tangram）?

一些游戏形式可以追溯到几千年前，例如我们所知道的拆分游戏——七巧板。但其译名来自英国，具体的译名由来已不得而知。据认为，早于毕达哥拉斯

最著名的密码算术游戏之一是由英国人亨利·欧内斯特·杜德尼（Henry Ernest Dudeney）开发的，发表于1924年的《海滨杂志》上：

$$SEND$$
$$+ MORE$$
$$\overline{MONEY}$$

在这个游戏中，因为所有字母都代表不同的数字，每个字母相加的和代表一个数字。这些字母代表以下的数字：O=0、M=1、Y=2、E=5、N=6、D=7、R=8、S=9。则，

$$9\,567$$
$$+1\,085$$
$$\overline{10\,652}$$

时代，中国人就已借助七巧板发现了勾股定理（即毕达哥拉斯定理）。

七巧板由被分割成7个称为坛的碎片的正方形组成，所有碎片必须被重新组合拼接成符合特定设计的图形，通常为一正方形。这7个碎片包括5个不同大小的三角形、一个正方形和一个平行四边形。所有这些碎片必须用于最后的图形中，而无重叠。

▷ 什么是阿基米德拼图游戏？

阿基米德拼图游戏是一种类似七巧板的拆分游戏。这种游戏中有14个碎片，每个不同的多变形图形可安置在一个12×12的格子中。每块有一个整分数区域，例如24、12、9、6或3，正方形的整个区域有144个格子。游戏的目的就是把碎片安置到有趣的和可识别的一些图形中，如人物、动物和物体。

这个游戏也是希腊数学家阿基米德所熟知的一种古老的游戏，因此，也被

称为阿基米德宝盒（"阿基米德的小盒子"）。阿基米德是否发明了这个游戏令人怀疑，但他确实在几何方面有所探究。现在也能看出在思索对这个游戏的不同解法中阿基米德实际上参加了现在被称为组合数学的一个数学分支的研究。

▶ 还有哪些拆分游戏？

还有几个其他拆分游戏的例子，包括下面的：
- 三角形几何翻转变形魔术
- 毕氏拼图
- T形拼图

拼图的发明者，英国的亨利·欧内斯特·杜德尼在开发比上面所描述的密码算术游戏更多的游戏中起了相当的作用。其最为著名的几何拼图游戏之一就是"三角形几何翻转变形魔术"，它问的是一个等边三角形如何被切分成4块，然后再重新拼接成一个正方形（他的模型采用能使碎片移动到合适位置的铰链来连接）。在毕氏拼图游戏中左面的两个正方形结合在一起重新组成一个大的在右面的正方形。

T形拼图是一种能组成字母T的拆分游戏。4个碎片被用来组成大写字母。

▶ 什么是15拼图？

15拼图由美国业余数学家塞缪尔·劳埃德（Samuel Loyd）于1878年开发。他把它称为"老板游戏"，此后以数字推盘游戏为人所知。这是在他的《趣题大全》中最为著名的拼图之一。劳埃德死后，由其儿子萨姆·劳埃德（Sam Loyd）于1914年出版。这个拼图有16个正方形，其中15个分别标

阿基米德拼图游戏的一个例子，一种一个几何图形被拆分成可以用于重新拼接的几块小图形类型的游戏。

有数字1至15并以4×4的方式排列。而有一个位置,第16个空格,呈开放状态。其办法是按位置依次滑动,使这个正方形按照既定的任意排列来重新复位,直到它们以数字顺序(1、2、3……)排列。起初,这些排列是有可能复位的。

但是,劳埃德把这个拼图进行了一个调转——他把方格内14和15的位置做了一个调换——并开价1 000美元给任何能解出这个拼图的人。在美国,为了解出这个拼图,这个游戏风靡一时,曾有报道说,公司禁止员工在上班时间玩这种游戏。甚至在欧洲,这种游戏也越来越流行。德国议会的众议员们也玩这种游戏;在法国,它被称为是比酒精和烟草更为受咒骂的东西。但是,劳埃德知道没有人能够解出这个游戏,很少有人能记得试用了多少步然后得出答案,因为根本没有解法!

▶ 什么是逻辑游戏?

通常来说,逻辑游戏涉及对某个事件及比赛的描述。它起源于演绎法的数学领域:提供路线,玩此游戏的人需要通过采用清晰的并具有逻辑性的思维把实际发生的碎片拼凑在一起(以此而命名)。

最为著名的逻辑游戏先锋之一是作家、摄影家、数学家和插图画家查理·勒特威奇·道奇森(Charles Lutwidge Dodgson),而他却以《爱丽丝漫游仙境》一书的作者署名刘易斯·卡罗尔(Lewis Carroll)而闻名。他在《符号逻辑游戏》(*The Game of Symbolic Logic*)一书中,介绍了几种游戏,让读者来解这样一个谜,如"游戏很有趣""每个谜都是一个游戏",因此"所有的谜都有趣"。像这样的游戏就是我们知道的演绎推理,其中给读者列举出前提,并问从列举中能得出什么样的推论。

▶ 一个魔方可能的玩转方位有多少?

魔方是由匈牙利建筑师、发明家和数学家鲁比克·艾尔内(Ernö Rubik)发明的,他也发明了好多其他游戏,包括钢珠钟。魔方是一个三阶立方体的形状,外部总共有26个小方块。所有的小块由连接轴连接,易于在任意面旋转(任意方向可1/4转)。起初,每6个面都漆成一种特定颜色,目的就是任意转动魔方的每个面,然后,再使每个面归原为一种颜色。

在三角形几何翻转问题中，一个等边三角形被切分，然后重新拼凑成一个正方形。

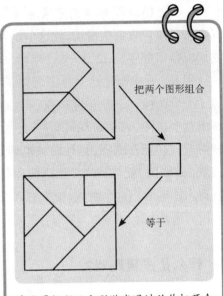

把两个图形组合

等于

毕达哥拉斯正方形游戏通过让你把两个正方形重新拼接成一个大的正方形来检测你的几何技能。

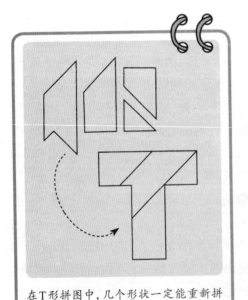

在T形拼图中，几个形状一定能重新拼接成字母T。

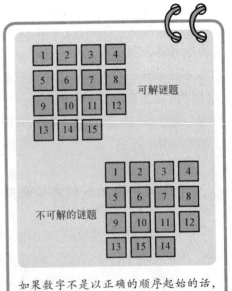

可解谜题

不可解的谜题

如果数字不是以正确的顺序起始的话，对一个人来说一个15拼图可能不是公平的挑战。

一个魔方可能的玩转方位有多少？数学家需要用阶乘来计算，以便找出许多迭代的情况，见如下方程式：

$$\frac{8! \times 3^8 \times 12! \times 2^{12}}{2 \times 2 \times 3}$$

可能出现的玩转方位的计算结果是 43 252 003 274 489 856 000 或 43 000 的 6 次乘方。

最受欢迎的魔方玩法需旋转正方体的每个部分来使得六个面的颜色都一致。哈尔顿图片库/盖蒂图片社（Hulton Archive/Getty Images）

▶ 什么是圣艾夫斯问题？

圣艾夫斯问题是演绎和推理的一种。几世纪前原诗这样写道：

在我去圣艾夫斯的路上，
我遇见一个有七个妻子的男人。
每个妻子都有七个麻布袋；
每个麻布袋装了七只猫；
每只猫有七只小猫。
小猫，猫，袋子，还有妻子们；
去往圣艾夫斯的路上共有多少个？

到这时，大多数的人开始加、乘，尽力得出答案。但实际上，就是一个下套的问题：叙述者在去圣艾夫斯的路上；沿途所遇到的男男女女都离他而去，而不是去圣艾夫斯。因此，"去圣艾夫斯"的数就是（至少）一个：叙述者。

当然，有些弄巧成拙的数学家们，基于几何级数，已经计算出所有猫、小猫、袋子和妻子的总数。根据这个等式，如果这个男人、他的妻子、他们的猫等也转头走向圣艾夫斯的话，共有 2 801 个东西去往圣艾夫斯。

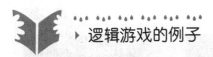
逻辑游戏的例子

我们大多数人以前都遇到过逻辑谜题，通常出现在小学和中学的数学测试中。它们经常是包含数字（数学联系）和一连串（常像是回旋状的）读者需决定其结果的事件中。

例如，每个曾在考试或其他地方见过逻辑谜题的人，下面的例子将填满你记忆库：有3个人分别登记了一张床和一份早餐。他们付了30元（每人10元）给提供住宿和早餐的房主，然后进了他们的房间。房主记起那个周末有优惠，实际房间的价格为25元。他把5元给了他哥哥（和他一起工作的），并告诉他把钱返还给房客。在去房间的路上，这个哥哥意识到5元分给3个人很难分无法平均。所以他私吞了2元，给每个人1元。因此，每个人付了10元又找回1元。这意味着他们每个人付了9元，总共27元。这个兄弟有2元，所以总数为29元，那剩下的1元哪去了呢？

答案呢？推理就在这。我们应该注意的是房主，而不是那个哥哥。总之，每个房客付了9元（总共27元），房主现在有25元，哥哥那有2元。因此，兄弟的钱应分别加在房主的钱上（25+2+3=30）——而不是加在客人的数量上。这证明了不仅房主的哥哥有点不诚实，也说明，如果他们不习惯于解决逻辑谜题的话，想要诈骗一些人几块钱是多么容易。

数学游戏

▶ 什么是比赛？

比赛是一种会涉及某种"冲突"，并在两个或更多的对峙者中分出赢和输的娱乐活动（尽管一些比赛只有一名选手）。通常，所有比赛必定有选手要尽力达到的目标,并且双方须遵守严格而又正式的比赛规则。如果比赛中某条规则被违反了,这被称为"犯规"或"作弊"。

对比赛的研究也是数学和逻辑学的一个分支,被称为"博弈论"。在博弈论中,比赛可能会很简单,并用数学来解决,得出彻底的"解决办法"(比赛结果)。比赛也可能包括对更复杂游戏的分析,例如纸牌、象棋和西洋棋,甚至可能应用于现实世界中的经济、政治和战争等情况。

▶ 什么是赌博?

赌博是为了赢得赌注而玩的游戏——被认为是碰运气的艺术。赌博也常被称为"打赌"。赌注是冒险打赌中一定数量的金钱或其他有价值的东西。大多数人赌博都希望赢得一定赌注,通常为现金支付。但为了得到这种收益,赌博的人必须冒险把金钱或值钱的东西赌在游戏、比赛或其他事件的结果上。所有这一切取决于活动的结果,而这些活动则部分或全部靠发生比。什么是发生比?从数学上来说,发生比是衡量某种事件发生的可能性。

▶ 什么是下注发生比? 它是如何测定的?

下注发生比通常书写为r:s,其中r是"赢发生比",s是"输发生比"。下注发生比可以表述为"赢发生比比输发生比"或"输发生比比赢发生比"。但注意,1:1的发生比只可以说"1比1"而不是"1出于1"。通常,发生比按如下来计算:

$$总发生比 = 赢发生比 + 输发生比$$
$$或输发生比 = 总发生比 - 赢发生比$$

以52张纸牌为例,从纸牌中抽出K的发生比是12次中有一次,即4:(52−4),得出1:12。

▶ 概率和发生比的不同点是什么?

概率通常用分数(有时用百分比)来表示。例如,如果在坛子里有10个水果（3个苹果和7个橘子），那么，拿出1个橘子的概率便是7/10。

另一方面，发生比表示赢的发生比数（或输的发生比数）比上输的发生比数（或赢的发生比数）。因此，如果有3次取出1个苹果的发生比和7个取出1个橘子的发生比，你不取出1个苹果的发生比就是7∶3。如果反过来就会发现，发生比比较有利的是7∶3；或者，在这个例子中，取出1个苹果的发生比将是3∶7。

为了把这种发生比转换，只要把发生比相加。因此，如果肯塔基德比（Kentucky Derby）赛马赢的发生比为4∶1，那就意味着，从5个发生比中，马有赢得1次的发生比。马赢的概率就为20%。

▶ 中强力球彩票的发生比有多少？

最终会出现这样的情况：许多的福利彩票发行国聚集了有大量奖金的彩票。强力球彩票是很赚钱的——不仅对于购买者，而且对于国家而言。如此数额巨大的金钱吸引了相当数量的人来冒把险，有好多人买上百张彩票来增加中奖发生比。

但有用吗？并不一定。有一种被测定像这种乐透彩票的发生比，在其中标上了数字的球（或数字）中随意选择一个代表中奖的数字，这通常表示为：$n!/(n-r)!r!$。其中n是标有最大数的球，r是被选球的数字。$n!$是n的阶乘。

在数学中，这种类型的等式被称为组合。例如，如果在50个球中5个被选中，首轮就会出现50个可能的数字，第二轮剩下49个，以此类推，这个等式就变为：

$$\frac{50!}{(50-5)! \times 5!} = 2\,118\,760$$

即中奖的发生比是大约1∶2 000 000。

但是，不要认为强力球彩票会给人一个优势。例如，一组强力球彩票中奖号码是从50个球（或数字）中选出5个，外加从一组不同数字的球中选出的1个。这不太像"从50个球中选出6个"的比赛发生比，而事实上是两组分别的彩票：一组是从50个球中选出5个，而另一组是选出强力球当中的1个。

符合这5个球的概率的测定如上所示。但是强力球是单个的如果说强力球是从一组36个的球当中选出，那么选出强力球的发生比是1∶36。中得整个累

为什么中彩票很难？

根据一国家彩票站点的说法：彩票"是一个为财富、财产或对从一些或所有的考虑会有中奖发生比的彩票购买者中的彩票中奖者所扣去的酬金或收益进行再分配的计划"。换句话说，一个人买的是能赢得一定数量金钱的发生比。但实际上（像许多发生比的游戏），游戏的利益不在参与者这边。大多数的彩票，例如乐透彩，一个人遭遇汽车或飞机事故，甚至遇到被闪电击中的发生比比起中彩票更大。但这还是阻止不了众多的人购买彩票。一个最近的统计数字显示，在美国，每天平均有9 600多美元，或者说是每年有350多亿美元花在买彩票上。

这种"梦想中彩票"的理由很简单：就是如何来看待这种发生比游戏。许多人认为，如果他们只是买同一号码，最终总会被选中。他们经常不理解的就是玩这种彩票就是一种替代的概念。拿52张纸牌代表一组彩票，让参与者选择一张牌为"中奖"的牌，例如红桃Q。在第一次选择时抽出方片K，不要重新洗回牌里，每次选牌后，如果都不放回牌内，最终，参与者抽取红桃Q的发生比是越来越大。毕竟，可供选择的纸牌越来越少；如果只剩下一张牌，参与者就知道肯定会选中。

但是，正规的彩票并不将数字"重新洗牌"。相反，每星期都从同"一组"数字中抽取中奖号码，因而更加难以中奖。在中奖数字上可能有重复，但每次买彩票中奖的发生比是相等的。例如，在最近加利福尼亚州的大乐透上赢的发生比是1 800万分之一。因此，如果一个人每星期买50张彩券，他赢的发生比将是每6 923年一次。

积奖金的概率是由把它加入取出的5个球的结果中所决定的。现在发生比就变得更高：5/50取出球+36个中1个取出球=1：（2 118 760×36）=1：76 275 360。如果强力球组中有更多的球的话，发生比甚至更小。

从一组纸牌中抽出一张特定牌的概率和
发生比是多少？

　　某个事件的概率通常描述为事件发生的总发生比中某事件发生的发生比（发生发生比/总发生比）。在52张纸牌中，从纸牌中抽取K的概率就是7.7%。如上所述，是赢的发生比和输的发生比（赢的发生比：输的发生比）的比率可在下面的方程式中找到。总发生比等于赢的发生比加上输的发生比。因此，从52张牌中抽出1张K的发生比是4：（52－4）=4：48=1：12。

纸牌和骰子游戏

▶ 什么是纸牌游戏？

　　一套纸牌（或一副纸牌）就是一套有n个矩形卡片，通常为光泽印刷纸或铜版纸，其一面有特殊的不同印记，另一面有统一的相同花纹。这种特殊印记使每一张卡片都很独特，每个印记都代表在特定游戏中可玩的东西。

　　最为常见的是一副有52张牌的纸牌，有4种特别的花色（黑桃和梅花为黑色，方片和红心为红色），每个花色的13张牌有分别标着1～10的牌加3张人头牌——J牌、Q牌和K牌。牌1通常是一个A，牌11是J，牌12是Q，牌13是K。牌A的作用经常根据游戏变化。例如，它既可充当1，又可以是11（21点游戏中）或14（桥牌游戏中）。这种纸牌也可用于好多赌博游戏，例如扑克和巴加拉纸牌游戏。有趣的是，纸牌游戏中的各种结果的概率的研究，其原动力是为了促进现代概率理论的发展。

▶ **在5张扑克牌游戏和桥牌游戏中首发牌的概率和发生比有多少？**

因为在一副正在玩着的纸牌中牌的数量是一定的，数学家已经计算出某些游戏中某些牌手发牌的概率和发生比。就"输的发生比：赢的发生比"来说，下面对发生比做了解释。

在5张牌扑克游戏中，抽到皇家同花顺的概率（一个扑克手有同种花色的A、K、Q、J和10）是1.54×10^{-6}，发生比为1：649 739；对于同一花色同花顺（一个扑克手有连贯的同种花色，而不是皇家同花顺）的概率为1.39×10^{-5}，发生比为1：72 192.3；而抽到3张牌同花顺（有相同价值的3张牌）有0.021 1的概率，发生比为1：46.3；而一对同花顺（有相同价值的2张牌）的概率为0.432，发生比为1：1.366。

桥牌中有13张大满贯的概率是6.3×10^{-12}，发生比为1：158 753 389 899。12张小满贯，A最高，它的概率是2.72×10^{-9}，发生比为1：3 674 846 978。拿到4个A的概率为2.64×10^{-3}，发生比为1：377.6。

▶ **5张扑克牌游戏中的5张牌手和桥牌中13张牌手的可能不同数量是多少？**

当然，有测定5张扑克牌游戏中5张牌手或在一副52张牌中5张牌手的不同组合方式的可能数量的数学方法。公式如下，其中N代表组合的数字（注意：52写在5上面叫做二项式系数）：

$$N = \begin{bmatrix} 52 \\ 5 \end{bmatrix} = 2\ 598\ 760\ \text{组合}$$

这样的数，并没有什么不同，也可以用于测定桥牌比赛。在下面，N再一次表示组合：

$$N = \begin{bmatrix} 52 \\ 13 \end{bmatrix} = 635\ 013\ 559\ 600\ \text{组合}$$

体育运动中的数字

▶ 什么是赛伯计量学?

赛伯计量学是应用客观论据对棒球进行研究的学科,如棒球统计学。它采用科学的数据和各种阐释方法来解释某个队赢输的原因。赛伯计量学(Sabermetrics)一词取自美国棒球研究协会(Society for American Baseball Research)的首字母缩写,由棒球历史学家、统计学家和作家比尔·詹姆斯(Bill James)首创。

▶ 棒球比赛中使用了哪些统计学?

棒球比赛中采用了大量的统计学,包括击球成功率统计和投球成功率统计。击球成功率可分为几组数字。安打率(AVG)是运动员的击球次数除以上场击球次数,它不包括走步或牺牲打。打点(RBI)是运动员击球得分的跑垒数,它以球或牺牲为基础。攻击指数是对击球手能力一个好的测量。这个统计把上垒(上垒百分比,即OBP)和跑垒(垒打数,即SLG)结合在一起。由于$1.2 \times OBP + SLG$的校正也更加精确,它弥补了SLG有比OBP更广的范围这样一个事实。

投球统计学包括ERA和WHIP。防御率(ERA)是一局比赛中所赢得的跑垒时间(最常用的是9局)除以投球局数。4坏球+被安打数÷投球回数(WHIP)。这是一个非常好的用来测量一个投手在他投球的每局中所允许的4坏球和被安打数的近似值方式。然后将它和其他的投手相比较来算出这个投手的成功率。

▶ 足球比赛中采用了哪些统计学?

有几种数学统计学运用于足球比赛中。达阵传球成功率是达阵传球次数除以传球次数。传球手评分(四分位)是由四个因素和它们的统计计算结果决定

美国棒球消遣运动的数学研究称"赛伯计量学"。新闻报道图片社/盖蒂图片社(Reportage/ Getty Images)

的：传球成功率,平均每次传球码数,达阵传球次数成功率和截球次数。平均数是1.0,底线是0,任何人在任一个范畴可以取得的最大值是2.375（这很困难,对于一个传球手能得到2.375的传球成功率,他的成功传球率将必须达到77.5% ）。得到2.0或更好的评分的那些传球手都是很优秀的。例如,美国国家足球队在传球成功率中处于最高地位的达70%, 10%是达阵传球,截球成功率为1.5%,每次传球码数为平均11码。

冲球是常在任一场足球比赛的赛后特别节目中使用的统计。每次平均带球码数（ AVG ）,是由总码数除以传球次数来衡量。在弃踢中平均弃踢净码数（ NET ）是总弃踢码数减去回攻码数,再减去每次持球触地20码,然后除以总弃踢数。

▶ 篮球统计学有哪些?

国家篮球协会教练评价一位选手的比赛表现的一个主要办法就是通过有效率来进行评估,它是由应用这样的公式决定的:（得分＋篮板球＋助攻＋抢断＋盖帽）-（投篮次数—命中次数）+（罚球出手次数–罚球命中）+失误。

▶ 汽车挡风玻璃上的那些数字有哪些重要性?

数字甚至与车也有联系。例如,汽车挡风玻璃上经常会有必要的数字,如汽车的注册信息、车辆识别代号编码(VIN)或者检车序列号。但是,与车有关的其他数字,如纳斯卡赛车手的数字又如何呢? 有许多人通过最喜爱的车手的比赛号码记起他们。一些会想起的车手有:2号拉斯提·华莱士(Rusty Wallace)、3号小戴尔·伊恩哈特(Dale Earnhardt)、8号小戴尔·伊恩哈特(Dale Earnhardt, Jr.)、24号杰夫·戈登(Jeff Gordon)和88号戴尔·杰瑞特(Dale Jarrett)。

投球命中率(FG百分比)是由投篮命中(FGM)除以出手次数(FGA)测定的。最后,罚球命中率(FT百分比)是由罚球命中次数(FTM)除以罚球次数(FTA)测定的。

▶ 什么是让分比例?

是对一场比赛的双方分数差别进行预测;然后,人们为打赌的目的来扳平两队。例如,如果一人选择了支持的队,赌客为了做出正确选择得到高利润须通过高于让分比例来赢。如果失败者队被选中,打赌人为了做出正确选择得到高利润须少于让分比例来输掉。如果所列出的让分比例"偏离",这意味着这场比赛没有官方让分比例。

例如,如果有人选择陆军队赢,而且赌陆军队能赢海军队5个点(叫做5个点的让分),这就意味着若要赌赢,陆军队就必须赢海军队6个或更多的点。如果陆军队刚好赢得5个点,这比赛就叫做"平手",而没有人胜出。

▶ 一个人怎样来测定赛马中的发生比?

跑道以一种特定的数学方式来赚钱:当赛马的发生比转换成概率时,它们通常相加起来大于1,这样跑道就有了优势。例如,假如说一个赛道有4匹马要进行12场比赛,赢得每一赛的发生比就如下所示(注意,赛道在每一场赛中并不采用同一匹马——这个例子只是用来解释的):

- 赛马1——1∶1;概率=赢的发生比(1)/总发生比(1+1)=1/2或6/12
- 赛马2——2∶1;1/(1+2)=1/3或4/12
- 赛马3——3∶1;1/(1+3)=1/4或3/12
- 赛马4——5∶1;1/(1+5)=1/6或2/12

如果有人在2号马下了1美元

数字用VIN车辆识别代号编码来标识汽车,有助于人们找出在纳斯卡赛车比赛中哪辆车里有他们最喜爱的车手。图片库/盖蒂图片社(The Image Bank/Getty Images)

赌注,他必须在12场比赛中赢4场来打破均势。但注意,所有这些数字加起来是1.25,一个比1更高的数字,所以只要没有马赢得多于它的概率,那么这匹马就赢了。

看待这种类型的赌博也有另外一种方法。为了使"赌客"比跑道做得"更好",他必须在12次比赛中赢15次(一个体力上和数学上都不可能的概率)这就是为什么跑道总是赚钱。当然,一个赌客也可以在能比预期赢得更多比赛的特定低概率的马上下赌,顺便赢上几美元。

仅供娱乐

▶ **什么是猜数字?**

猜数字是一种竞赛(有些人说是游戏)。一些人可以动脑筋猜数字,只要数字很小。让一个人想任何一个正整数n（不是0或任何负数），然后，采用下面的步骤：

1. 若一个人选择数字25，然后把那个数字留给他。让这个人来计算3n，得出（3×25=75）。

2. 问一下这个数字是奇数还是偶数。判断为奇数。

3. 如果这个数字是偶数的，告诉他除以2；如果这个数字是奇数，告诉他在其上加1，然后除以2，则（75+1）=76/2=38。

4. 告诉他用那个数字乘以3，然后再除以9——38×3=114÷9=12.666……

5. 用那个数字乘以2（得到近似25的值）。答案就应该是原数字或者接近原数字。

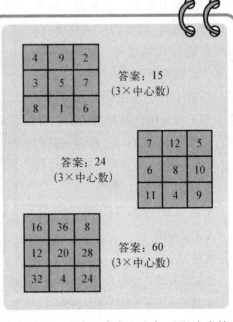

答案：15
（3×中心数）

答案：24
（3×中心数）

答案：60
（3×中心数）

在这些3×3的中国魔术方块中，方格内安排数字这样当垂直相加，横向相加或对角线相加时，它们总是等于中间数的3倍。

▶ **什么是魔术方块？**

魔术方块是含有只出现一次的正整数（从$1-n^2$的数字）的n乘n方块内的数字排列。n乘n方块内的数字这样排列：任何横向、纵向或对角线方向数字的总和总是一样的。这在下面的公式中给出：$n(n^2+1)/2$。

魔术方块经常按序列来分。例如，一个三列的魔术方块意味着每排3个盒子和每列3个盒子。

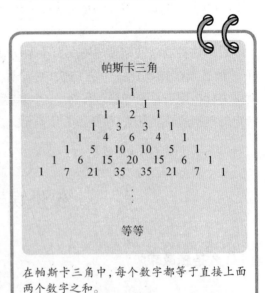

帕斯卡三角

等等

在帕斯卡三角中，每个数字都等于直接上面两个数字之和。

在现实中,"魔术"方块是事实上的矩阵,它们可以是奇数列(例如一个 3×3 或 5×5 的矩阵)也可以是偶数列(例如一个4乘以4或6乘以6的矩阵)的魔术方块。也许最简单的魔术方块是1乘以1的块,它仅有的输入就是数字1。

几世纪以来,这样的魔术方块就已为人所知,中国人很早就了解这种独特的正常三序列的方块。这可以追溯到早于公元前2800年的中国作品中,有称为"洛书"(Lo Shu)或"河图洛书"的一个魔术方块。

▶ 什么是帕斯卡三角?

如名所示,帕斯卡三角是在一个三角形内数字的集合。在三角中的每个数字都是直接上面两个数的总和。例如,在随后的图解中,在第五行的6是上面一对3的总和;下一行是1、10(1+9)、45(9+36)、120(36+84)等。尽管三角在几百年前的中国和阿拉伯文化中已为人所熟知,但它是以把其带到数学研究最前沿的人的名字命名的:法国数学家布莱士·帕斯卡(Blaise Pascal)。

▶ 怎样利用代数来想象帕斯卡三角?

想象帕斯卡三角的一种方式是通过它与代数的联系。例如,展开表达式(即除去两边的括号)—— $(1+x)^2=(1+x)(1+x)=1+2x+x^2$。在立方中也同样如此,例如: $(1+x)^3=(1+x)(1+x)(1+x)=(1+x)(1+2x+x^2)=1+3x+3x^2+x^3$,甚至表达式 $(1+x)^4$ 也如此,它等于 $1+4x+6x^2+4x^3+x^4$。

结果中的系数就是联系。对第一个例子来说,系数是1、2、1;对于第二个来说,为1、3、3、1;对最后一个表达式,系数是1、4、6、4、1。这些,当然来自帕斯卡三角的第三、第四和第五行。

▶ 利用数学可以计算出哪些"生命问题"?

用数学可以对你自己的身体和年龄的许多问题来进行探索。例如,直到你100岁时你可以有大约多少星期日晚上的睡眠?仅以100年为例,减去你现在的年龄,然后乘以52(1年中的周数)。例如,如果你25岁,答案将是3 900。其中有多少好的夜晚睡眠取决于你。

计算出从你出生到现在的心脏跳动次数，你需要借助一只表或钟来完成。首先，计算出每分钟心脏跳动的次数，然后乘以每分的心跳 × 60 分钟（1 小时）× 24 小时（1 天）× 365.25 天（1 年）× 你的年龄。例如，72 次心跳 × 60 × 24 × 365.25 × 30=1 136 073 600 次，是从你出生到现在的心跳次数。当然，这只是个近似值，因为心脏在夜间跳动比较慢，但当你看见最近汽车维修费的账单时心跳就会加速。

计算出你一生吸入多少空气是另一个非常有意思的数学计算。如果你乐观地决定最后想活 100 岁，

这个宇航员在月球上的体重仅是他站在地球上重量的 17%。精选版/盖蒂图片社（Photographer's Choice/Getty Images）

平均每个人每次呼吸的空气量是吸入大约 0.47 升，你可以计算一下。首先用你平静时每分钟的呼吸次数（比如说大约每分 21 次），则 21 次 × 0.47 升 × 60 分钟 × 24 小时 × 365.25 天 × 100 岁 =519 122 520 升。再说一次，这仅仅是一个近似值。

 ► **怎样才能证明 1=0 ？**

有一种方法能表示出 1=0，它包括一个有趣的"证明"：

考虑两个非 0 数字 x 和 y，如 $x=y$。如果是那样的话，那么 $x^2=xy$。两边都减去 y^2：$x^2-y^2=xy-y^2$。然后，分别除以 $(x-y)$ 得出 $x+y=y$；既然 $x=y$，那么 $2y=y$。因此，$2=1$。这个证明始于 y 是一个非 0 数，所以两边减去 1 得出 1=0。

这个证明的问题是什么呢？如果 $x=y$，那么 $x-y=0$。注意这个"证明"的中途，等式又被 $(x-y)$ 所除，就使得整个证明出现了错误。

▶ 在其他星球上如何计算出人们的年龄和体重？

没去其他星球也能算出一个人在另一个星球上的年龄和体重。为了计算出体重，仅需要知道在另一颗星球、月球或其他天体上的地心引力就可以。例如，基于下面的表格，如果一个人在地球上称出体重为45千克，那么，他在水星上只能称出17.1千克。

人在地球上的年龄取决于在他生命期内所在星球绕太阳多少次。例如，地球上30岁的人所在的星球已经绕了太阳30次。为了计算出这个人在另一颗星球上的年龄，那么这个人的年龄一定要除以公转期（就地球上年而言）。因此，如果一个在地球上30岁的人生活在土星上，他将是1土星岁多点（1.02土星年）。在水星上，这个人将是124.5水星岁（124.5水星岁）。

在其他的天体上计算你的年龄和体重

天　　体	绕太阳时间*	重力（重量）与地球相比
水星	87.9天	38%
金星	224.7天	91%
地球	1年	100%
月球	1**	17%
火星	1.88年	38%
木星	11.9年	254%
土星	29.5年	93%
天王星	84年	80%
海王星	164.8年	120%
冥王星	248.5年	未知
太阳	N/A	2 800%

* 在地球上的天数和年。

** 当然，月球与地球绕太阳运行，所以它每个地球年绕太阳转一次。然而，月球每年也绕地球运行13.37次。

八 数学资源

注：作者认真搜寻了下述网站地址、邮箱地址和电话号码以补充相关信息。请注意这些网站、地址和数字都会变化或者在一定时间内就被清除。我们为所列出的已关闭或已被修改的网站、邮箱地址或电话号码向读者致歉。

教育资源

▶ 数学家可以从事何种职业？

数学家所能从事的职业的数量太多，本文不一一列出。一些传统的工作包括建筑、统计师、记账人、系统工程师、科学研究员（在许多领域，例如地理、物理、天文学、化学、生物、工程学甚至火箭科学）。一些更为现代的应用则包括材料科学、计算机动画、神经科学（属于生物医学数学支领域）和纳米技术。

找出更多和数学有关的职业，可查看以下机构的官方网站：

美国数学学会（http://www.ams.org/careers/）——在这个网站中链接着许多"文档"，可了解从事不同职业的数学家。

工业和应用数学学会（http://www.siam.org/students/career.htm）——这个网站不仅列出职业，并且对许多数学家的工作进行了采访。如果你在考虑一份数学方面的职业，它也列出了你可能会面临的问题。

数学家只是许多与数学相关职业之一。要了解数学职业的选择，可以搜索到许多资源。
斯通/盖蒂图片社（Stone/Getty Images）

美国数学协会（http：//www.maa.org/students/undergrad/career.html）——这个网站密切注视数学方面的工作特点，提供了许多在任的数学家的概况，列出了关于数学方面职业的书。

▶ 在哪可以获得数学学士学位？

找一所颁发数学学士学位的学院或大学并不难。几乎在美国的每个大学都有这样一个学位，甚至以文科为主的院校也有。其主要的困境我们很容易看见：应选择哪个学院或大学来获得学位？

尽管选择权在个人，但也有方法从大量的学校中进行精选。一种方法就是研究该学院数学系开设的课程。例如，如果学生希望学习统计学，可通过查询在此领域的关于该系的信息和同其他数学家——或者甚至与学生交谈来查找那些在统计学方面有良好声誉的学院。也可以查一下《普林斯顿教育咨询机构》，它可以提供一个关于开设数学专业的本科学院的优秀网站。

▶ 世界上有哪些知名的数学机构?

全球有好多知名的数学机构,数学家们通常把它们视为"思想库"。例如,坐落于加拿大多伦多的滑铁卢大学的费尔兹数学研究所,这里是数学研究活动的中心,是一个"来自加拿大和国外,商业、工业和金融院所的数学家们聚集在一起进行研究和阐释共同感兴趣的问题的地方"。

另一个例子是位于德国波恩的国家理论科学研究中心数学组(MPIM),它是80家研究设施之一,是国家理论科学学会的一部分,在科学、数学和人文学方面的基础研究都是国际公认的。来自全世界的数学家参观了MPIM,它向参观者展示了讨论数学问题和与同仁交流思想的能力。可登录:http://www.ams.org/mathweb/mi-inst.html。

▶ 数学宣传月是什么时候?

数学宣传月每年4月份在数学联合政策公告(JPBM)的赞助下展开。这个组织由美国数学协会、美国数学学会、国际工业与应用数学联合会和美国统计学协会组成。最初是1986年总统罗纳德·里根(Ronald Reagan)在任期间举办的数学周,此后,在1999年延长为整整一个月。起初,在这一周由像史密森机构这样的组织来进行全国庆祝。近来,活动更加当地化和地区化,更加强调它的重要性、价值和数学的美妙。想找数学宣传月的特别网站,请登录:http://www.mathaware.org。

▶ 为对数学感兴趣的学生开设的协会和荣誉机构有哪些?

数学荣誉学会——由美国数学协会MAA、美国国家数学教师理事会、工业和应用数学学会资助,是一个为高中和二年制专科的喜欢数学问题、文章和谜题的学生开设的数学俱乐部。数学荣誉学会出版一份期刊《数学日志》(*The Mathematical Log*),并举行地区性和全国性会议。网址:http://www.

mualphatheta.org/。

数学学会——是国家数学学会。它的目的是促进在学术机构的学生中数学学术活动的提升，在全美学院和大学有三百多个支部。网址是：http://www.pme-math.org/。

荣誉协会——是国际数学荣誉学会，但更为专业。1931年为了提升本科学生中的数学兴趣而建立。它在美国大约有118个分会。网址：http://www.kme.eku.edu/。

组织和学会

▶ 美国有哪些数学学会和组织？

下面列出了一些团体和联系信息：

美国数学学会

美国罗得岛州查尔斯大街201号　邮编：02904-2294

电话：401-455-4000（全球）；800-321-4AMS（美国和加拿大）

传真：401-331-3842

电子邮箱：ams@ams.org

网址：http://www.ams.org

美国统计协会

美国弗吉尼亚州亚历山大市杜克大街1429号　邮编：22314-3415

电话：703-684-1221；888-231-3473

传真：703-684-2037

电子邮箱：asainfo@amstat.org

网址：http://www.amstat.org

数理逻辑协会

纽约州帕基普希利蒙德大街124号弗沙学院742信箱　邮编：12604

电话：845-437-7080

传真：845-437-7830

电子邮箱：asl@vassar.edu

网址：http://www.aslonlne.org

美国数学协会

华盛顿哥伦比亚特区第十八大街1529号（从白宫往北走）邮编：20036-1358

电话：202-387-5200；1-800-741-9415

传真：202-265-2384

电子邮箱：maahq@maa.org

网址：http://www.maa.org

国际工业与应用数学联合会

宾夕法尼亚州费城大学城市科学中3600号　邮编：19104

电话：215-382-9800；1-800-447-SIAM（美国和加拿大）

传真：215-386-7999

电子邮箱：service@siam.org

网址：http://www.siam.org

▶ **有哪些专门研究数学的国际学会？**

加拿大数学学会

加拿大渥太华市圣劳伦大道1725号

电话：613-565-5720

传真：613-565-1539

电子邮箱：office@cms.math.ca

网址：http://www.cms.math.ca

欧洲数学学会

芬兰赫尔辛基大学00014号68号信箱数学与统计学系快递秘书处

电话：（+385）9 1215 1426

传真：（+385）9 1915 1400

电子邮箱：tuulikki.makelainen@helsinki.fi

网址：http://www.emis.de

伦敦数学学会

英国伦敦市罗素广场57－58号德·摩根宅

电话：020 7637 3686

传真：020 7323 3655

电子邮箱：lms@lms.ac.uk

网址：http://www.lms.ac.uk

新西兰数学学会

新西兰奥克兰市北部邮政中心102904号邮箱, 梅西大学信息与数学科学学院转温思顿·斯威特曼博士（梅西大学秘书）

电子邮箱：w.sweatman@massey.ac.nz

网址：http://www.math.waikato.ac.nz/NZMS/NZMS.html

圣彼得堡数学学会

俄罗斯圣彼得堡市方坦卡大街27号

电话：7（812）312 8829；312 4058

传真：7（812）310 5377

电子邮箱：matob@pdmi.ras.ru

网址：http://www.mathsoc.spb.ru/index-e.html

瑞士数学学会

瑞士马尔利市CH－1723号300号信箱

电话：++41/26/436 13 13

电子邮箱：louise.wolf@bluewin.ch

网址：http://www.math.ch

博 物 馆

▶ **有哪些专门为数学设立的博物馆?**

哥德鲁艺术科学数学博物馆坐落于纽约的新海德公园,专门为数学而设立。1980年数学教师和工程师伯纳德·哥德鲁(Bernard Goudreau)建立了这个博物馆。从那时起,它已成为一个独特的学习和资源中心,为家族提供展览、工作间、表演节目和准备特别活动的地方。在博物馆,参观者可以进行比赛和游戏,观看如何处理科学和艺术中数学问题的展览,建数学模型,参加数学工作室和利用数学资源图书馆。博物馆藏有关于数学比赛和游戏方面的书。更多信息,请联系:

国会图书馆创建了梵蒂冈数学展室和一个包含希腊和拉丁数学等有趣资源的网站。

哥德鲁艺术科学数学博物馆

赫里克团体中心

纽约州新海德公园赫里克路999号202室　邮编：11040－1353

电话：516－747－0777

电子邮箱：info@mathmuseum.org

网址：http：//www.mathmuseum.org

▶ 世界上有哪些以处理网上数学问题的展览为特点的主要博物馆？

佛罗伦萨科学史博物馆——这个博物馆坐落于意大利的佛罗伦萨，网站对伽利略·伽利莱的数学予以关注。博物馆网址：http：//www.imss.fi.it/museo/index.html。

国会图书馆梵蒂冈数学屋展览——这个博物馆的网站（http：//sunsite.unc.edu/expo/vatican.exhibit/exhibit/d-mathematics/Mathematics.html）包含有注释的数学和天文学希腊文和拉丁文的手稿；它也有一个特别影像，包括（在希腊数学下）一个9世纪的版本（勾股定理）和13世纪及15世纪的阿基米德著作的版本。

科学史博物馆——有关数学史和数学在历史上的应用的信息在两个网上展区展出：《器匠：16世纪法兰德斯数学》和《战争的几何学（1500—1750）》。这个博物馆坐落在英国的牛津，其官方网站：http：//www.mhs.ox.ac.uk/exhibits/index.htm。

大众资源

▶ 专门研究数学的杂志有哪些？

《函数》

澳大利亚维多利亚3800号蒙纳士大学数学和统计学系

电子邮箱：c.varsavsky@monash.edu.au

网址：http：//www.maths.monash.edu.au/function/index.shtml

这本期刊面向高年级中学生和任何对数学感兴趣的人。

《数学杂志》

英国伦敦路259号莱斯特大学数学协会

电话：0116 221 0013

传真：0116 212 2835

电子邮箱：office@m-a.org.uk

这本杂志刊载的焦点是教授和学习数学。该协会成员和杂志订阅者免费。

《数学光谱》

英国谢菲尔德大学数学与统计学院应用概率基金会

电话：+44 114 222 3922

传真：+44 114 272 9782

电子邮箱：s.c.boyles@sheffield.ac.uk

网址：http：//www.shef.ac.uk/uni/companies/ms.html

这是本为老师、学生和任何对数学感兴趣并把它作为爱好的人编写的杂志。

《数学杂志》

华盛顿特区美国数学协会服务中心91112号信箱　邮编：20090-1112

电话：800-331-1622；301-617-7800

传真：301-206-9789

电子邮箱：rchapman@maa.org

网址：http：//www.maa.org/pubs/mathmag.html

由美国数学协会为其会员发行，它就广泛的数学话题提供可读性的生动说明。

《数学视野》

华盛顿特区第十八大街1529号美国数学协会数学视野订阅部

邮编：20036-1385

电子邮箱：maaservice@maa.org

网址：http：//www.maa.org/Mathhorizons/

主要针对数学感兴趣的大学本科生发行。

▶ 其他经常含有数学内容的杂志有哪些?

有许多包含数学新闻和数学内容的杂志，以下列出几个（注意这些杂志中的大多数是以科学为目的）：

《天文学》

美国威斯康星州沃科夏环形交叉路口21027号邮政信箱1612

电话：800－533－6644

网址：http：//www.astronomy.com

《探索》

美国纽约州纽约市第五大街114号　邮编：10011

电话：212－633－4400

网址：http：//www.discover.com

《新科学》

英国伦敦市铁保士路84号拉康宅

网址：http：//www.newscientist.com/home.ns

《流行科学》

美国纽约州纽约市派克大街2号　邮编：10016

电话：212－779－5000

传真：212－779－5108

网址：http：//www.popsci.com/popsci/

《科学新闻》

美国华盛顿特区北大街1719号（从白宫往北走）　邮编：20036

电话：202－785－2255

网址：http：//www.sciencenews.org

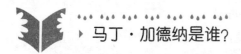

> **马丁·加德纳是谁?**

马丁·加德纳(Martin Gardner)是美国趣味数学家和作家。数十年来,他是杂志《科学美国人》(*Scientific American*)"数学游戏"的专栏作家。他著有65本以上的书和无以计数的文章,其中包括《我最好的数学和逻辑游戏》(*My Best Mathematical and Logic Puzzles*)、《数学总汇:经典游戏、悖论与问题》(*The Colossal Book of Mathematics: Classic Puzzles, Paradoxes, and Problems*)、《趣味数学游戏》(*Entertaining Mathematical Puzzles*)和《数学、魔力与神秘》(*Mathematics, Magic and Mystery*)。

《科学美国人》

美国纽约州纽约市麦迪逊大街415号科学美国人公司　邮编:10017

电话:212－754－0550

网址:http://www.sciam.com

▶ **有哪些关于数学家的自传体书?**

以下只是其中一些可找到的关于数学家生平的作品:

《美丽心灵——数学天才诺贝尔奖获得者约翰·纳什的一生》(*A Beautiful Mind: The Life of Mathematical Genius and Nobel Laureate John Nash*)由西尔维雅·娜萨所著。这是一部吸引人的约翰·纳什传记,这位数学天才数十年里曾精神失常,也同时失去了事业和妻子。但他最终康复,随后由于他早期工作所取得的成绩而获得了诺贝尔奖。还有一部根据这本书改编的电影。

《数字情种——埃尔德什传》(*The Man Who Loved Only Numbers: The Story of Paul Erdos and the Search for Mathematical Truth*)由保罗·霍夫曼(Paul Hoffman)编著。一位没有家、妻子和生活,只有数字的数学家的故事。六十年

来全部的家当就只有两个行李箱——厄多斯辗转于四个大陆,对数学狂热追求,当他和同时代的顶尖科学家交流时,每天甚至思考和工作 19 个小时。

《非完备性: 哥德尔的证明和悖论》(*Incompleteness: The Proof and Paradox of Kurt Gödel*)由丽贝卡·戈尔茨坦(Rebecca Goldstein)所著。这本书对著名的非完备性理论进行了探索,并对蕴藏其后的古怪天才库尔特·哥德尔进行了描写。

▶ **关于具体数字的非小说有哪些?**

尽管大多数人认为一本关于数字的书不会很有趣,然而下面就表明事实并非总是如此:

《黄金比例》(*The Golden Ratio: The Story of Phi, the World's Most Astonishing Number*)由马里奥·李维奥(Mario Livio)所著。这是一本关于数字 φ,也叫做黄金比率或黄金分割(1.618 033 988 7)的历史的书。李奥维探讨了自然中的例子以及 φ 在整个人类历史中在建筑和艺术上的应用。

《π: 世界上最为神秘的数字的自传》(*Pi: A Biography of the World's Most Mysterious Number*)由阿尔弗莱德·波沙曼提尔(Alfred S. Posamentier)和英格玛·雷曼(Ingmar Lehmann)所著。这是一本关于贯穿人类历史、从旧约到现代政治的数字 π 的故事。π 的尾数小数点后有 10 万多位。

《e: 一个数字的故事》(*e: The Story of a Number*)由伊莱·毛尔(Eli Maor)所著,这本书从数学和人类学发展的角度讲述了 "e" 的发展。

《零的故事》(*Zero: The Biography of a Dangerous Idea*)由查尔斯·塞弗(Charles Seife)和马特·基姆特(Matt Zimet)所著。这是一个关于 "无" 的有趣故事。此书详细讲述了从古至今 "无" 或 "零" 的发展及使用。

▶ **关于数学问题的非小说书籍有哪些?**

《史诗追求: 费马大定理解答数学 "大问题"》(*Fermat's Enigma: The Epic*

Quest to Solve the World's Greatest Mathematical Problem) 由西蒙·辛（Smion Singh）所著。对解决费马最后定理的史诗追求的叙述，充满人类戏剧和悲剧。

《质数魔力》（ *Prime Obsession: Bernhard Riemann and the Greatest Unsolved Problem in Mathematics*) 由约翰·德比夏尔（John Derbyshire）所著。在这个还悬而未决的数学奥秘的小说中，数学、历史和自传融于一体。

《四色足矣》（ *Four Colors Suffice: How the Map Problem Was Solved*) 由罗宾·威尔逊（Robin Wilson）所著。在这部有趣的作品中，讲述了一个看似简单却困扰了业余和专业数学家们一百多年的数学问题。

▶ **其他关于数学的有趣的非小说书籍有哪些？**

《哥德尔、埃舍尔、巴赫——集异璧之大成》（ *Gödel, Escher, Bach: An Eternal Golden Braid*) 由道格拉斯·R.霍夫施塔特（Douglas R. Hofstadter）所著，这是一部关于人类的创造性和思维的经典作品，这部作品介绍了哥德尔的数学、埃舍尔的艺术和巴赫的音乐。

《女士品茶：20世纪统计学如何使科学发生变革》（ *The Lady Tasting Tea: How Statistics Revolutionized Science in the Twentieth Century*) 由大卫·萨尔斯伯格（David Salsburg）所著，这是一个关于统计学在20世纪如何改变科学研究方式的故事。统计学的方法以简单易懂的术语来阐述，并对这个领域里的主要贡献者做了简短的介绍。

《数学旅行者：现代数学新的升级的快照》（ *The Mathematical Tourist: New and Updated Snapshots of Modern Mathematics*) 由伊瓦斯·彼得森（Ivars Peterson）所著。这是1988年版本的第二版，包括水晶结构的数学故事、弦理论、数学家对计算机的应用、混沌理论和费马最后定理。这只是彼得森所著的许多有趣而奇妙的数学书之一。

▶ 数学如何应用于小说？

当然，文学作品中有成百上千的用数学作为主题，以数学家作为主角，或者以数学作为解决方式的小说。近年来的大部分电影好像都是科幻电影。下面仅仅是过去和近来的一小部分这类题材的电影：

《1—999》——这本书由著名的科幻小说作家艾萨克·阿西莫夫（Issac Asimov）所著，他曾以一名化学家的身份谋生。在这本书中，密码学家试图解一个简单的密码，其中一条重要的线索是字母出现的频率。

儒勒·凡尔纳（Jules Verne）写了一本经典科幻小说《环绕月球》（*Round the Moon*）。也是一本畅游太空的旅行小说，它包括关于代数、抛物线和双曲线的数学讨论。美国国会图书馆（Library of Congress）

《数字王国》——这是阿西莫夫所著的另一本书，在他的《黑鳏夫故事集》系列中的人物汤姆·庄柏在本书中再次出现。他试图使一位古怪的数学家相信他的密码不是很安全。阿西莫夫还有几本与数学有关的书，在他许多的短篇小说集和五百多本出版的书中对数学进行了特别强调。

《开普勒》——这本约翰·班维尔（John Banville）所著的书对文艺复兴时期的数学家和天文学家进行了虚构的、然而却是很准确的描述——从他对确定行星轨道的研究到一些更加古怪的想法，如：为什么就柏拉图立体几何而言，在太阳系中只有6颗行星。

《差分机》——在这部科幻小说中，威廉·吉布森（William Gibson）和布鲁斯·斯特林（Bruce Sterling）改变了现实的故事，数学家查尔斯·巴贝奇和艾达·拜伦实际上成功制造出了差分机。

将数学问题与解决犯罪问题联系在一起的电视节目有哪些？

电视节目《数字追凶》于2005年首次播出，影片中有个叫做查理的很有特点的数学天才，他受聘于在洛杉矶联邦调查局做探员的哥哥，来帮助侦破一起洛杉矶的大案。受真实事件的启发，这个节目描绘了数学和警察如何联手解决大案。这个节目曾在一个数学会议上进行了首次试播。

《上帝的九十亿个名字》——这是阿瑟·克拉克（Arthur C. Clarke）的一本经典小说，书中两个程序员雇用了一个佛教团体来寻找上帝所有的真实名字——这是一个把数学、计算机和宗教结合在一起的故事。

《环绕月球》——由儒勒·凡尔纳（Jules Verne）写于1870年，这本关于空间旅行的经典作品有两个完整的章节——第四章"一个小代数"和第十五章"双曲线和抛物线"——包含详细的太空飞行员对数学的讨论。

《最后一案》——当然，人们不会忘记阿瑟·柯南·道尔爵士（Sir Arthur Conan Doyle）的《福尔摩斯探案集》（Sherlock Holmes），福尔摩斯的伙伴华生医生和他的主要对手莫里亚蒂教授。这是第一本提到莫里亚蒂的小说，介绍他是位年轻时就对二项式定理进行拓展而赢得了名声的数学教授。

▶ 有没有专门为儿童和青少年准备的数学书籍？

为儿童和青少年准备了很多数学书：

《数学猫彭罗斯历险记》（The Adventures of Penrose the Mathematical Cat）由西奥妮·帕帕斯（Theoni Pappas）所著。这个故事讲述了一只叫彭罗斯的猫，它探索和经历了各种数学概念，包括无限、金矩形和不可能图形。适合9～12岁儿童阅读。

《数学小精灵》(*The Number Devil*)由汉斯·安森柏格(Hans Magnus Enzensberger)、罗桃·苏珊·柏纳(Rotraut Susanne Berner)和迈克·亨利·海姆(Michael Henry Heim)所著。这是一本为孩子们写的关于数学的非常幽默的书。它以年轻的罗伯特(Robert)梦中进入了一个怪诞世界为决定性转折的开始。这在孩子们的梦里都有像这样典型的探险故事。在罗伯特的12个梦中,他拜访了一个奇异的、有魔力的、铺满数学砖块的土地,数字精灵是他的主人。适合9～12岁儿童阅读。

　　《数学头脑体操》(*The Grapes of Math*)由格雷格·唐(Greg Tang)所著。这个故事包含了一系列数学谜语,并鼓励读者通过寻找图案、对称和熟悉的数字组合,找到捷径以确定数学答案。适合9～12岁儿童阅读。

　　《数学魔咒》(*Math Curse*)由约翰·席斯卡(Jon Scieszka)和莱恩·史密斯(Lane Smith)所著。这是一本获奖的关于解决日常生活中数字的非常有趣的图画书。适合4～8岁儿童阅读。

　　《一英尺有多长?》(*How Big is a Foot?*)由洛夫·米勒(Rolf Myller)所著。这本幽默图画书是这样开始的:"很久以前有一位国王和他的妻子,这位王

▸ **关于恐龙与数学家相斗的流行电影有哪些?**

　　在《侏罗纪公园》和《迷失的世界:侏罗纪公园》两部影片中有个作为主角(人类)之一的数学家。杰夫·戈德布拉姆(Jeff Goldblum)饰演混沌理论数学家伊恩·马尔科姆博士,他试图发出关于公园对恐龙实验存在内在的不稳定性的警告。不幸的是,没人听他的话,恐龙很快就逃出了人类管理员的控制。在第二部影片中,马尔科姆博士不得不到一个岛上去营救他的女友。

后……" 接着, 这本书向4~8岁的读者解释了英制度量衡的概念以及为什么要有度量衡的标准。

▶ 以数学为主题的影片有哪些?

《美丽心灵》(2001)——根据西尔维雅·娜萨的著作拍摄的电影, 这是一部关于数学家约翰·纳什(John Nash)从他崛起到患有精神疾病和最终赎罪的好莱坞版故事。本片由朗·霍华德(Ron Howard)导演, 拉塞尔·克劳(Russell Crowe)和埃德·哈里斯(Ed Harris)主演。

《死亡密码》(1998)——这部低成本的黑白电影讲述的是一位数学家因对每件事的运行模式都进行忘我研究, 所以, 从华尔街的投资者到宗教基要主义者的每个人都想要找到并利用他的故事。本片由达伦·阿罗诺夫斯基(Darren Aronofsky)导演, 肖恩·古力特(Sean Gullette)和马克·玛格奥莱斯(Mark Margolis)主演。

《情深我心》(1996)——这部电影描写了关于古怪的杰出诺贝尔奖获得者、物理学家理查德·费曼(Richard Feynman)的早期生活, 它既是对科学家的一份献礼, 也是一个浪漫怪诞的故事。本片由马修·布罗德里克(Matthew Broderick)导演, 马修·布罗德里克和帕特里夏·阿奎特(Patricia Arquette)主演。

▶ 影片《天外来菌》中有什么数学概念?

指数增长的概念, 也是人们所熟知的几何增长, 造成了影片中和书中的紧张气氛。基本的前提是细微的有机体在返回的卫星中从外部空间被不慎带到地球上来。一旦带入地球, 它们就成指数倍地繁殖, 每20分钟增长1倍。它们非常迅速地传播到整个星球, 几乎杀死所有的人——等等, 我们不能告诉你结局!

电影《侏罗纪公园》中对混沌理论数学概念做了解释，影片中基因学家就像在现代世界中一样，偶然间解开了食肉恐龙基因的秘密。图片库/盖蒂图片社（The Image Bank/Getty Images）

网上冲浪

注：在本书写作期间这些网站都还有效。因为网上内容更新迅速，尽管一些网站在出版时仍有效，但其中也有一些可能登录不了。对此给您带来的不便，我们向您致歉。

▶ **有没有专门研究数学问题的网上杂志？**

下面是几个专门研究数学问题的网上杂志：
《收敛》
http：//convergence.mathdl.org/jsp/index.jsp

由美国数学协会（MAA）赞助，与美国国家数学教师理事会合作，强调采用数学史来教授数学。

《数学在线与应用数学》（JOMA）

http：//www.joma.org/jsp/index.jsp

由美国数学协会（MAA）出版。文章由同行评议，内容不断发表，其中有制图法、超链接、程序类型和音频、视频剪辑。

《天空圆周率》

http：//www.pims.math.ca/pi/

面向加拿大高中学生发行的半年期刊。由数学科学太平洋学院出版。

《解析》

http：//plus.maths.org/index.html

这个网上杂志是由英国剑桥发起的千年数学项目的一部分。它的目的是引导读者进入数学的实际应用并了解其奥妙。

▶ 其他也经常包含数学内容的网上杂志有哪些？

和许多印刷杂志一样，也有许多基于网络的关于数学新闻和内容的杂志。下面就是几种（注意，下述大多数的网站都是关于科学的）：

探索网站

http：//www.discovery.com/

一个由电视探索频道赞助的网站。它经常报道一些关于数学家和数学科学应用的故事。

尤里卡警戒

http：//www.eurekalert.org

这个网站是美国科学促进会赞助的全球新闻服务网。数学在它的"主题新闻"栏目下。

科学日报

http：//www.sciencedaily.com/

这个科学日报涵盖了科学上的最新信息——通常是数学类的，数学列在"话题"栏目中。

▶ "精华"数学网站有哪些?

下面是一些应该收藏的数学网站，因为如果你对数学感兴趣的话，可能会反复用到它们。这些网站棒极了，资源丰富，并有清晰和准确的解释。

数学论坛

http：//www.mathforum.org

这个网站，由德雷塞尔大学教育学院主办，提供数学资料、资源、活动和教育成果。甚至有机会可以提问题，并得到"数学博士"（Dr. Math）的亲自解答。

 ‣ 最佳查找网上数学资源的方式有哪些？

最好的查找网上数学资源的方式，就是使用一个好的搜索引擎，例如谷歌（Google）、莱卡斯（Lycos）、雅虎（Yahoo）等。对你感兴趣的话题不一定要具体，只需在搜索栏里打出"数学"就会出现如天文数字般多得可能不甚有趣的网页。

例如，如果你对金字塔的建造中所蕴含的数学问题好奇的话，试着用关键词"数学""埃及""金字塔""建造"，你就会看到大量的网站，而它们当中许多也都和你所关注的有关。另一个策略就是浏览一下各学院和大学的数学系网站。它们通常包含关于全体教职员工研究领域的信息，并会经常提供一些与数学有关的兴趣连接。有时，更为有趣的是一时兴起的搜索，来看看它会把你引向何方。

数学世界

http：//www.mathworld.wolfram.com

一个极具综合性和互动性的数学百科全书式网站，10年来，由数学家不断地输入内容而发展起来。这个网站不断升级，所以，从普通学生到经验丰富的专业人士中的每个人都可找到有趣的东西。

组合数学网

http：//www.sosmath.com

这是一家数学学习网站，包含两千五百多张网页，涉猎范围从代数到微分方程，主要面向高中生和大学生，但对成人同样也有用。

▶ **哪个网站给出了数学如何应用于技术？**

英国的哥伦比亚技术学院有个叫做"数学如何应用于技术？"的很好的网站（http：//www.math.bcit.ca/examples/index.shtml）。网上有大量的数学在不同领域应用于广泛技术学科的例子，包括：电子、核医学、机器人学和生物医学工程。

▶ **如果有人对工程数学感兴趣的话，有哪些好的参考网站？**

有一个叫做"工程学基础"（eFunda）的网站，它是一种包括所有工程数学基础知识的网上资源网站（http：//www.efunda.com/math/math_home/math.cfm），数学公式都已给出，并有它们在合适背景下的用法的解释。

▶ **哪些网站提供计量单位转换的方式？**

计量单位的转换是必要的，尤其是在相同类型的单位中（例如：从英尺到英寸）或者是在英制单位和公制单位（例如：从英里到千米）之间。万维网上有大量进行这种单位转换的网站。大多数情况下，只要键入你想要转换的数字，然后点击返回按钮，就会显示出一列转换完的数字，其中的一些网站是：
- http：//www.onlineconversion.com

- http：//www.convert-me.com/en/
- http：//www.sciencemadesimple.com/conversions.html
- http：//www.convertit.com/Go/ConvertIt/

▶ 哪些网站提供数学史方面的链接？

数学史是一个范围广泛的话题，太多而无法在本文中全部涉及。探索数学史的最佳网站如下：

英国数学史学会（http：//www.dcs.warwick.ac.uk/bshm/）——如果你想在搜寻数学历史的网站中"一站购齐"，就去这个综合的网站看看。这个机构不仅从专业和业余水准上推进了数学史的研究，而且促进了数学史在教育中的应用研究。

克拉克大学的数学和计算机科学系（http：//aleph0.clarku.edu/ ～ djoyce/mathhist/mathhist.html）。

数学档案——数学史（http：//archives.math.utk.edu/topics/history.html）——兼有其他数学话题的数学史档案。

数学史（http：//www-groups.dcs.st-and.ac.uk/ ～ history）——这个档案来自

▸ 什么样的网站有关于算盘知识的信息？

路易斯·费尔南德斯（Luis Fernandes）所著的获奖作品《算盘：珠子的计算艺术》（*Abacus: The Art of Calculating with Beads*）一书中对如何使用算盘提供了指导。这本书的内容还包括算盘的历史、如何用算盘做基础数学题、互动式指导、相关的文章和记事，读者还可以参考链接的其他网站（http：//www.ee.ryerson.ca/～elf/abacus/）。

苏格兰圣安德鲁斯大学的数学和统计学院,有从古代到现代广泛的数学史资源。

▶ 有哪些专门的趣味数学网站?

趣味数学网站非常多,下面仅列出其中一部分:
互动式数学杂集与游戏
http://www.cut-the-knot.org/content.shtml
从比赛和益智游戏,到谬误和视觉幻想,涉及方方面面。

数学益智游戏网站
http://www.mathpuzzle.com
关于趣味数学和益智游戏的很好的网站。

益智游戏网站
http://www.puzzles.com
可以找到魔幻游戏、益智游戏、魔术和数学玩具,还有一个网上礼品店、谜题链接和在线帮助。

▶ 哪些网站含有一些关于数学的趣事?

如果你对数学趣事感兴趣,但并不想搜寻所有网站的话,就去"姆德数学趣事"网站(Mudd Math Fun Facts, http://www.math.hmc.edu/funfacts/)。这家网站由哈维姆德学院(Harvey Mudd College)数学系的弗朗西斯·爱德华·苏(Francis Edward Su)创建,是微积分课程的"热身"网站,网站内容都是来自数学领域里的一些趣闻,很有趣,具有娱乐性,并很容易使人上瘾。

附录1
测量系统和换算系数

　　下面这些缩写用于换算表中：atm=标准大气压；Btu_{IT}=英热单位（国际换算表）；cal=卡路里；cal_{IT}=卡路里（国际换算表）；cm=厘米；cu ft=立方英尺；ft=英尺；ft-lbf=英尺磅力；g=克；gal=加仑；hp hr=马力小时；in=英寸；int J=国际焦耳；J=焦耳；kg=千克；kgf=千克力；kWh=千瓦时；L=升；lb=磅；lbf=磅力；m=米；mmHg=毫米汞柱（也叫做托）；m ton=公吨；N=牛顿；oz=盎司；Pa=帕斯卡；qt=夸脱；yd=码。

长度单位

单位	厘米	米	英寸	英尺	码	英里
1英寸	2.54	0.025 4	1	0.083 33...	0.027 77...	$1.578\,283 \times 10^{-5}$
1英尺	30.48	0.304 8	12	1	0.333...	$1.893\,939\,39... \times 10^{-4}$
1码	91.44	0.914 4	36	3	1	$5.681\,818\,18... \times 10^{-4}$
1英里	$1.609\,344 \times 10^{5}$	$1.609\,344 \times 10^{3}$	6.336×10^{4}	5 280	1 760	1
1厘米	1	0.01	0.393 700 8	0.032 808 40	0.010 936 31	$6.213\,712 \times 10^{-6}$
1米	100	1	39.370 08	3.280 840	1.093 613	$6.213\,712 \times 10^{-4}$

面积单位

单位	平方厘米	平方米	平方英寸	平方英尺	平方码	平方英里
1平方英寸	6.451 6	$6.451\,6 \times 10^{-4}$	1	$6.944\,4... \times 10^{-3}$	$7.716\,049 \times 10^{-4}$	$2.490\,977 \times 10^{-10}$
1平方英尺	929.030 4	0.092 903 04	144	1	0.111...	$3.587\,007 \times 10^{-8}$
1平方码	8 361.273	0.836 127 3	1 296	9	1	$3.228\,306 \times 10^{-7}$
1平方英里	$2.589\,988 \times 10^{10}$	$2.589\,988 \times 10^{6}$	$4.014\,490 \times 10^{9}$	$2.787\,84 \times 10^{7}$	$3.097\,6 \times 10^{6}$	1
1平方厘米	1	10^{-4}	0.155 000 3	$1.076\,391 \times 10^{-3}$	$1.195\,990 \times 10^{-4}$	$3.861\,022 \times 10^{-11}$
1平方米	10^{4}	1	1 550.003	10.763 91	1.195 990	$3.861\,022 \times 10^{-7}$

体 积 单 位

单 位	立方厘米	立方米	升	立方英寸	立方英尺	夸 脱	加 仑
1立方英寸	$16.387\ 06$	$1.638\ 706 \times 10^{-5}$	$0.016\ 387\ 06$	1	$5.787\ 037 \times 10^{-4}$	$0.017\ 316\ 02$	$4.329\ 004 \times 10^{-3}$
1立方英尺	$28\ 316.85$	$2.831\ 685 \times 10^{-2}$	$28.316\ 85$	$1\ 728$	1	$2.992\ 208$	$7.480\ 520$
1夸脱（美）	946.353	$9.463\ 53 \times 10^{-4}$	$0.946\ 353$	57.75	$0.034\ 201\ 4$	1	0.25
1加仑（美）	$3\ 785.412$	$3.785\ 412 \times 10^{-3}$	$3.785\ 412$	231	$0.133\ 680\ 6$	4	1
1立方米	10^{6}	1	10^{3}	$6.102\ 374 \times 10^{4}$	$35.314\ 67$	$1.056\ 688 \times 10^{3}$	$264.172\ 1$
1立方厘米	1	10^{-6}	10^{-3}	$0.061\ 023\ 74$	$3.531\ 467 \times 10^{-5}$	$1.056\ 688 \times 10^{-3}$	$2.641\ 721 \times 10^{-4}$
1升	$1\ 000$	10^{-3}	1	$61.023\ 74$	$0.035\ 314\ 67$	$1.056\ 688$	$0.264\ 172\ 1$

质 量 单 位

单 位	克	千 克	盎 司	磅	公 吨	美 吨
1盎司	$28.349\ 52$	$0.028\ 349\ 52$	1	$0.062\ 5$	$2.834\ 952 \times 10^{-5}$	3.125×10^{-5}
1磅	$453.592\ 4$	$0.453\ 592\ 4$	16	1	$4.535\ 924 \times 10^{-4}$	$0.000\ 5$
1公吨	10^{6}	$1\ 000$	$35\ 273.96$	$2\ 204.623$	1	$1.102\ 311$
1美吨	$907\ 184.7$	$907.184\ 7$	$32\ 000$	$2\ 000$	$0.907\ 184\ 7$	1
1克	1	10^{-3}	$0.035\ 273\ 96$	$2.204\ 623 \times 10^{-3}$	10^{-6}	$1.102\ 311 \times 10^{-6}$
1千克	$1\ 000$	1	$35.273\ 96$	$2.204\ 623$	10^{-3}	$1.102\ 311 \times 10^{-3}$

密 度 单 位

单 位	克/立方厘米	克/升，千克/立方米	盎司/立方英寸	磅/立方英寸	磅/立方英尺	磅/加仑
1盎司/立方英寸	1.729 994	1 729.994	1	0.062 5	108	14.437 5
1磅/立方英寸	27.679 91	27 679.91	16	1	1 728	231
1磅/立方英尺	0.016 018 47	16.018 47	$9.259\ 259 \times 10^{-3}$	$5.787\ 037\ 0 \times 10^{-4}$	1	0.133 680 6
1磅/加仑	0.119 826 4	119.826 4	$4.749\ 536 \times 10^{-3}$	$4.329\ 004\ 3 \times 10^{-3}$	7.480 519	1
1克/立方厘米	1	1 000	0.578 036 5	0.036 127 28	62.427 95	8.345 403
1克/升	10^{-3}	1	$5.780\ 365 \times 10^{-4}$	$3.612\ 728 \times 10^{-5}$	0.062 427 95	$8.345\ 403 \times 10^{-3}$

附录2
计算面积和体积的
常用公式

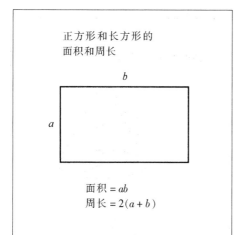

正方形和长方形的
面积和周长

b

a

面积 $= ab$
周长 $= 2(a+b)$

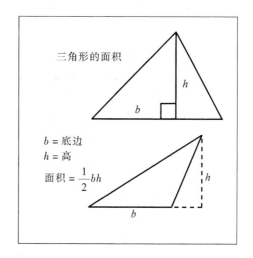

三角形的面积

h

b

$b =$ 底边
$h =$ 高

面积 $= \dfrac{1}{2}bh$

h

b

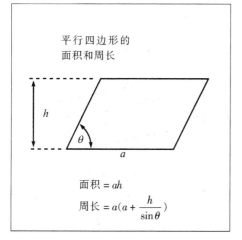

平行四边形的
面积和周长

h

θ

a

面积 $= ah$

周长 $= a\left(a + \dfrac{h}{\sin\theta}\right)$

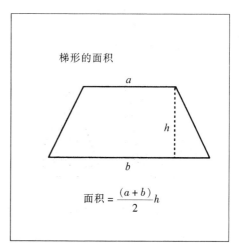

梯形的面积

a

h

b

面积 $= \dfrac{(a+b)}{2}h$

圆的面积

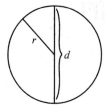

r = 半径
d = 直径 = $2r$

面积 = $\pi r^2 = \dfrac{\pi d^2}{4}$

(π = 圆周 / 直径)

椭圆的面积

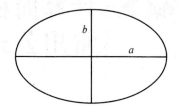

面积 = πab

立方体的表面积和体积

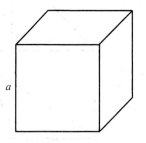

体积 = a^3
侧表面积 = $6a^2$

圆锥体的表面积和体积

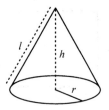

表面积 = $\pi rl + \pi r^2$
体积 = $\dfrac{1}{3}\pi r^2 h$

锥体和不规则圆锥体的体积

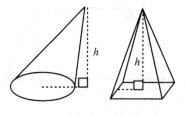

体积 = $\dfrac{1}{3}$底面积 × h

平行六面体的体积

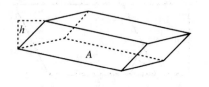

A = 底面积
h = 高

体积 = Ah

圆柱的表面积和体积

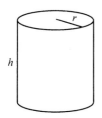

表面积 $= 2\pi rh + 2\pi^2$

体积 $= \pi r^2 h$

球体的表面积和体积

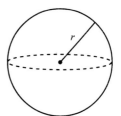

表面积 $= 4\pi r^2$

体积 $= \dfrac{4}{3}\pi r^3$